四 种 爱
(注疏本)

THE FOUR LOVES

【英】C.S.路易斯 著　邓军海 译注

华东师范大学出版社
上海

华东师范大学出版社六点分社　策划

谨以此译献给父亲一样的老师

陈进波　先生

译文说明

1. 凡关键词,竭力统一译名;无其奈间一词两译,则附注说明。无关宏旨之概念,酌情意译;

2. 凡关键字句,均附英文原文,一则方便对勘,二则有夹注之效;

3. 凡路易斯称引之著作,倘有中文译本,一般不再妄译;

4. 严几道先生尝言,迻译西文,当求信达雅。三者若不可兼得,取舍亦依此次第,先信,次达,再次雅;

5. 路易斯之文字,言近而旨远,本科生即能读通,专家

教授未必读透。拙译以本科生能读通为 60 分标准,以专家教授有动于心为 80 分标准;

6. 为疏通文意,亦为彰显路易斯之言近旨远,拙译在力所能及之处,添加译者附注。附注一则可省却读者翻检之劳,二则庶几可激发读者思考;

7. 凡拙译脚注文字,均系译者添加;

8. 凡译者附注,大致可分为四类:一为解释专名,一为疏解典故,一为拙译说明,一为互证对参。凡涉及专名之译注,均先查考工具书。不见于工具书者,则主要根据"英文维基百科"。凡译注中的圣经文字,若无特别说明,均出自和合本;

9. 为方便阅读,拙译在文中添加【§1—3. **习惯路数:褒赠予之爱,贬需求之爱**】之类字符。标示原文段落及其文脉大意。大意系译者管见,仅供读者诸君参考;至于段数,只为方便诸君查考原文,以斧正拙译。诸君如若发觉此等文字有碍阅读,打断原著之文脉,略去不读即可;

10. 老一辈翻译家迻译西文,大量作注,并添加大意之类文字,颇有"导读"之效。拙译有心效法。倘若拙译之效法,颇类东施效颦,意在"导读"反成误导,则罪不在西施,罪

在东施;

11. 路易斯之书,好读难懂,更是难译。凡拙译不妥以至错讹之处,敬请诸君指正。不敢妄称懂路易斯,但的确爱路易斯。故而,诸君斧正译文,乃是对译者之最大肯定。专用电邮:cslewis2014@163.com

我们的情感既不杀死我们,也不死亡。①

　　　　约翰·但恩

That our affections kill us not, nor dye.

　　　　　　　　DONNE

---

① 语出约翰·但恩的组诗《启应祷告》第廿七首第8行,诗见约翰·但恩《艳情诗与神学诗》(傅浩译,中国对外翻译出版公司,1997)第240页。

目 录

1 引言 / *1*

2 对低于人类之事物的喜好与爱 / *21*

3 亲爱 / *65*

4 友爱 / *106*

5 情爱 / *160*

6 仁爱 / *206*

译后记:爱的危机与路易斯的《四种爱》/ *256*

1 引言
Introduction

【§1—3. 习惯路数：褒赠予之爱，贬需求之爱】

"神就是爱"，圣约翰说。① 下笔写此书时，我本以为，他的这句箴言为我提供了一条坦途，可以贯穿整个话题。我自以为应能够说，属人之爱(human loves)，只有当它们与神之所是的爱(that Love which is God)肖似之时，才配称为爱。因此，我首先区分了我所谓的"赠予之爱"(Gift-love)和"需

---

① 《约翰一书》四章7—8节："亲爱的弟兄们啊，我们应当彼此相爱，因为爱是从神来的。凡有爱心的，都是由神而生，并且认识神。没有爱心的，就不认识神，因为神就是爱。"

求之爱"(Need-love)。① 最典型的赠予之爱,推动着一个男人,为家人将来过上好日子而劳苦奔波、苦心经营、省吃俭用,虽然他有生之年既享受不到也眼见不着。最典型的需求之爱,则将孤单或吓着的孩子,送回母亲怀抱。②

哪一种更像神爱(Love Himself)③,已毫无疑问。圣爱(Divine Love)是赠予之爱。圣父倾其所是(all He is)及其

---

① Gift-love 与 Need-love,梁永安先生分别译为"无所求的爱"和"有所求的爱",乃意译,殊为传神。拙译承大陆译本,直译为"赠予之爱"与"需求之爱"。梁译本注曰:

按字面,"无所求的爱"(Gift-love)的直译应该是"赠予的爱","有所求的爱"(Need-love)的直译应该是"需要的爱",但为便于读者掌握和加强两个概念的对照性,本书采用了意译的方式。"赠予的爱"是白白付出,不求回报的爱,故又可谓之"无所求";"需要的爱"是一种为满足自身需要(如性欲)而起的爱,是一种要从对方身上获得某些东西的爱,故又可谓之"有所求"。

② 弗洛姆《爱的艺术》这样描写婴儿的"需求之爱":"如果不是一个仁慈的命运在保护婴儿,不让他感觉到离开母体的恐惧的话,那么在诞生的一刹那,婴儿就会感到极度的恐惧。"(李健鸣译,商务印书馆,1987,第29页)"大多数八岁到十岁的儿童的主要问题仍然是要被人爱,无条件地被人爱。"(第30页)

③ Love Himself 一词,汪咏梅译作"大爱";Divine Love,译作"上帝的爱"。王鹏不作区分,均译作"上帝之爱"。梁永安则均译作"上帝的爱"。愚按:Love Himself 是 God is love 的另一种表述。正因"神就是爱",故有 Love Himself 之说。译为"大爱",显然没有译出这一语意关联。拙译改译为"神爱",只是为求简洁,与"上帝之爱"和"上帝的爱"同义。至于 Divine Love,乃与俗爱(secular love)相对,是爱的哲学里一对著名区分,拙译依汉语学界通例,一般译作"圣爱";当 divine love 与 human love 成对使用时,则分别译为"属天之爱"与"属人之爱"。

所有(all He has),都给了圣子。圣子将祂自己交还给圣父,交还给世界(the world);祂为了世界而将自己交还给圣父,从而也就将(在祂里面的)世界也交还给圣父。①

而另一方面,在上帝的生命中,没有什么比需求之爱更没可能了吧。祂一无所缺。而我们的需求之爱,如柏拉图所见,乃"贫乏之子"(the son of Poverty)。② 若能反观自照,此语的确是我们本性之写照,逼真极了。我们生而无

---

① 《马太福音》十一章27节:"一切所有的,都是我父交付我的。除了父,没人知道子;除了子和子所愿意指示的,没有人知道父。"

② 柏拉图《会饮篇》这样言说爱神的诞生:

阿佛洛狄忒诞生之时,神们大摆筵席,其他神和默提斯的儿子波若斯[丰盈]也在场。众神吃完饭以后,珀尼阿[贫乏]前来行乞,因为这筵席而站在门口。这时,波若斯由于多喝了几杯琼浆——那时还没有酒——而醉醺醺的,走进了宙斯的花园,昏睡过去。这样珀尼阿念到自己的欠缺,心生一计,想要和波若斯生个孩子,于是躺在波若斯身边,怀上了爱若斯。(203b2—c4,〔美〕罗森:《柏拉图的〈会饮〉》,杨俊杰译,华东师范大学出版社,2011)

既然爱若斯是波若斯和珀尼阿之子,他就注定有着以下命运:首先,他总是贫穷不已,尤其欠缺温柔和貌美,尽管很多人以为他拥有这些。相反,他强硬而干裂(=饱经风霜),打赤脚,没有家,总是睡在地上,什么也不盖,睡在门阶或大路上,有着他母亲的自然天性,总是与贫乏(need)为伍。(203c5—d3,同上)

长于图谋美和善的东西,因为他勇敢、大胆、热切,是个聪明的猎手,经常编织一些心计,足智多谋,欲求着明智,终生都在搞哲思(爱智慧),一个顶聪明的巫法师、蛊妖师和智术师。他出于自然天性而既非不死也非有死的;同一天里,他朝气蓬勃地活着,一时生气盎然,转眼又要死去,而又拜父亲的自然天性所赐而重获生命。爱若斯不断挥霍自己得到的东西,因此,他在任何时候都既非贫穷也非富有,而是居于智慧与无知之间。(203d4—e5,同上)

助。一旦我们完全清醒,就会发现自己之穷乏(loneliness)。① 在生理上、情感上和智识上,我们都需要他人;假如打算了解些事,哪怕是了解自己,我们都需要他们。

【§4—8. 抑此扬彼的习惯路数,有其困难】

我原以为此书写作会很轻松,褒扬第一种爱,贬抑第二种就是了。虽然,我原本打算说的许多东西,如今看来仍然正确。我仍认为,假如我们用"爱"字所指的,不过是渴望被爱(a craving to be loved),②那么,我们就处于一个非常悲

---

① loneliness 与自足相对。

② 一般人用"爱"字,都心里想的是"被爱"(be loved)。这似乎是人性使然。董仲舒之所以反复叮咛:"以仁安人,以义正我";"仁之法在爱人,不在爱我。义之法在正我,不在正人"(《春秋繁露·仁义法第二十九》)。正是因为,常人都以仁爱我,以义正人。亚里士多德《尼各马可伦理学》卷八第 8 章说:"大多数人由于爱荣誉,所以更愿意被爱而不是去爱。所以多数人是爱听奉承的人。……而被爱的感觉十分接近于多数人所追求的被授予荣誉的感觉。"(1159a14—17,廖申白译)弗罗姆《爱的艺术》一书打头就说,在绝大多数人心目中,"爱的问题"(the problem of love),"首先是自己能否被人爱(being loved),而不是自己有没有能力爱(of loving, of one's capacity to love)"。(李健鸣译,商务印书馆,1987,第 3 页)于是乎,对于他们,问题关键就成了:

"我会被人爱吗?——我如何才能值得被人爱?为了达到这一目的,他们采取了各种途径。男子通常采取的方法是在其社会地位所允许的范围内,尽可能地去获得名利和权力,而女子则是通过保持身段和服饰打扮使自己富有魅力;而男女都喜欢采用的方式则是使自己具有文雅的举止,有趣的谈吐,乐于助人,谦虚和谨慎。"(同前)

惨的境地。可是,我如今不再会(跟我的导师麦克唐纳①一道)说,假如我们用"爱"字只是指这一渴望,那我们就是在将某些根本不是爱的东西,误以为是爱。② 如今我无法否认,需求之爱也是"爱"。因为,每当我试图循此思路,想弄个明白,却总以困惑和矛盾而告终。实存(reality)比我所预想的,复杂多了。

首先,假如不称需求之爱为"爱",我们就是对绝大多数语言施暴,包括我们的母语。语言当然不是一个不会出错的向导,可是,虽有种种缺陷,它毕竟包含着大量陈年老酒般的洞见和经验。要是你一开始就蔑视它,那么,它自有办法接下来复仇。我们最好不要学亨普蒂·邓普蒂的样,随心所欲给文字赋予意义。③

---

① 麦克唐纳(MacDonald,1824—1905),英国19世纪小说家,诗人,演说家,牧师。一生作品无数,其幻想文学颇受世人瞩目。在路易斯的小说《梦幻巴士》(*The Great Divorce*)中,麦克唐纳以"我"的导师之形象出现。

② 正因为绝大多数人谈及爱,想到的总是"被爱"(to be loved),而不是"去爱"(to love)。所以,大多数论爱的哲学著作,都会贬低需求之爱,认为它不纯粹;颂扬赠予之爱,认为它才是真正的爱。比如弗罗姆的名著《爱的艺术》,其中贯穿始终的一个观点就是:"爱首先是给(giving)而不是得(receiving)。"(李健鸣译,商务印书馆,1987,第17页)

③ 亨普蒂·邓普蒂(Humpty Dumpty),是18世纪一首童谣中的蛋形人物。童谣如下:Humpty Dumpty sat on a wall. /Humpty (转下页注)

其次，当我们称需求之爱"无非自私"（mere selfishness）时，务必小心。"无非"（Mere）一直是个危险字眼。①无疑，跟所有冲动一样，我们会出于自私，娇纵需求之爱。专横而又不知餍足地索求亲爱（affection），会极为可怕。但在日常生活中，没人因孩子向母亲寻求安慰、成人向同龄人"找伴"，就说他们自私。不拘成人小孩，很少这样做的人，常常不是最无私的。但凡感受到需求之爱，或许总有理由否认它或彻底克制它；而感受不到需求之爱，一般而论，正是冷酷的自我主义者（cold egoist）②之标志。因为，我们

（接上页注）Dumpty had a great fall. /All the king's horses, and all the king's men, /couldn't put Humpty Dumpty back together again. 有网友之译文，音义俱佳："矮胖子，坐墙头，/栽了一个大跟斗。/国王呀，齐兵马，/破镜难圆没办法。"在刘易斯·卡罗尔《爱丽丝镜中奇遇》第六章，这个蛋形人物对主人公爱丽丝不屑地说："我用一个字眼的时候，它的意思就是我要它表明的意思——不多不少。"（王永年译，中央编译出版社，2003，第300页）

① 在路易斯看来，现代思想盛产 debunker（拆穿家）。所谓 debunker，常常操持这一语调：所谓爱情，说穿了无非是荷尔蒙，是性欲包装；所谓战争，说穿了无非是屠杀，是利益争夺；所谓宗教或道统，说穿了无非是意识形态，是剥削关系的温情脉脉的面纱。正因为有这么多的还原论（reductionism），故而，路易斯说 Mere 是个危险的字眼。

② egoism 一词，汉语学界一般译为"利己主义"，也译为"自我主义"。为保持文意畅通，拙译选用后一译名。尼古拉斯·布宁、余纪元编著《西方哲学英汉对照辞典》（人民出版社，2001）伦理利己主义（ethical egoism）辞条：
（转下页注）

确实彼此需要("那人独居不好"①)。因而,这种需要未能在意识中呈现为需求之爱,换言之,我们独处"是"好的那种虚幻感觉,就是一种不好的属灵症候;恰如没胃口是生病症状,因为人确实需要食物。

第三点,就重要得多了。每位基督徒都会同意,一个人的属灵健康与他对上帝的爱恰成正比。而人对上帝的爱,究其本性,必定一直在很大程度上、且往往全然是一种需求之爱。当我们祈求罪得赦免或在苦难中祈求上帝伸以援手时,这一点显而易见。不过说到底,随着我们渐渐明晓事理——因为我们理应越来越明晓事理——渐次明显的是,我们的整个存有就其本性而言,就是一个巨大的需要;②不

(接上页注)

一种认为对自己的某种欲望的满足应是我行动的必要而又充分条件的伦理观点。这种理论在自我与他人的关系中,把自我放在道德生活的中心位置。根据这个观点,人们会自然地做不公正的事,并拒绝基本的道德原则——如果他们这样做对自己没有消极后果的话。这就必然意味着,我们对公共利益没有出于本性的尊重,一个有理性的人的行动会是为了最大限度地达到自我的满足。对于任何基于这种人类心理学说明的伦理理论来说,道德生活是使我的善最大化的生活。……

① 《创世记》二章18节:耶和华神说:"那人独居不好,我要为他造一个配偶帮助他。"

② 帕斯卡《幸福人生》(蒋晓宁译,中国对外翻译出版公司,2010)第78则:"对人的描述。依赖、独立的欲望、需求。"

完满（incomplete），不成器（preparatory），空乏而又混乱（empty yet cluttered）；①我们切需能解开纠结、收拾乱象的祂。这不是说，人除了一味的需求之爱而外，不会带给上帝任何东西。那些高尚灵魂或可以告诉我们，还是有超越需求之爱的境界。可是我想，他们也会第一个告诉我们，一旦有人胆敢以为，他们能够生活于此种境界，因而一无所求，那么，这些高致，就不再是真正的恩典（Graces），而会蜕变为新柏拉图主义的幻想，②甚至最终沦为魔鬼作祟的幻想。《效法基督》里说："没有卑下的基

---

① 帕斯卡《幸福人生》（蒋晓宁译，中国对外翻译出版公司，2010）第24则："人类的境况。反复无常，厌倦无聊，焦躁不安。"第36则："谁看不到世界的空虚，谁就是空虚的人。那么，除了喧哗、消遣、憧憬未来的年轻人，还有谁看不到世界的空虚？但不消遣的话，他们会无聊得要命。他们感到自己无足轻重，却不了解这种状态。这是因为，人一旦被迫反省，没有消遣，马上会沮丧得不堪忍受，这种感觉糟糕透顶。"

② 尼古拉斯·布宁、余纪元编著《西方哲学英汉对照辞典》（人民出版社，2001）"新柏拉图主义"（neo-platonism）辞条："由普罗提诺创立的哲学传统，……新柏拉图主义是古典世界的最后一个哲学体系。它用普罗提诺的三个本在（太一、心智和灵魂）和流溢过程来解释世界的起源。新柏拉图主义通过把亚里士多德哲学视为柏拉图哲学更高智慧的入门，试图调和柏拉图与亚里士多德，并因而对哲学史作出了重大贡献。新柏拉图主义倡导多神论和神秘主义，甚至对神学也持友好态度。因此，它成为早期基督教的主要竞争对手，甚至直接攻击基督教。……"

础则无以立高。"①只有狂妄又愚蠢的受造,才会在造物主面前自夸:"我不是乞丐。我爱你,一无所求。"②对上帝的爱最接近赠予之爱的那些人,将在下一刻,甚至几乎同时,跟税吏一道捶胸,③将自己的穷乏敞露在唯一的赠予者面前。上帝也会这样安排。针对我们的需求之爱,祂说:"凡

---

① 原文是:"The highest does not stand without the lowest."语出托马斯·厄·肯培《效法基督》第十章第4节。该节全文是:

你若常自卑,则将被升为高(路14:10),因为没有卑下的基础则无以自高。

在上帝面前最大的圣徒都是自居为最小的,他们越受赞扬,心中就愈加谦卑。

凡心中充满着真理和天上的荣耀的人,就不贪图虚荣。

凡在上帝里面立根稳固的人,就不能生骄傲之心,凡能将一切好处归于上帝的人,就不互相求人的赞美,却只追求从上帝的荣耀。他们最愿意在他们自己的里面和在众圣徒之中受赞美,而且他们总是不断努力,要达到此目的。(黄培永译,金陵协和神学院文字工作委员会,1993,第73—74页)

② 原文是:"I'm no beggar. I love you disinterestedly."其中 disinterested 一词,汉语学界通译为"无利害"、"无功利",就是中国古人所说的超然高举无复他求的心境。为避免翻译腔,拙译偶尔将 disinterested 译为"一无所求",一般则译为"无功利"。

③ 《路加福音》十八章9—14节:耶稣向那些仗着自己是义人,蔑视别人的,设一个比喻,说:"有两个人上殿去祷告:一个是法利赛人,一个是税吏。法利赛人站着,自言自语地祷告说:'神啊,我感谢你,我不像别人勒索、不义、奸淫,也不像这个税吏。我一个礼拜禁食两次,凡我所得的,都捐上十分之一。'那税吏远远地站着,连举目望天都不敢,只捶着胸说:'神啊,开恩可怜我这个罪人!'我告诉你们,这人回家去比那人倒算为义了。因为,凡自高的,必降为卑;自卑的,必升为高。"

劳苦担重担的人，可以到我这里来。"①或如旧约所说："你要大大张口，我就给你充满。"②

因而，有一种需求之爱，最伟大的需求之爱，要么与人最高尚、最健康亦最实在的属灵境况吻合，要么至少是其主要成分。某种意义上讲，人在最不像上帝时，才最接近上帝。还有什么比完满与需求、至高无上与卑微、正义与痛悔、无限权柄与乞求帮助，相去更远呢？当初撞见这一悖论，我举步维艰；先前企图写爱的所有念头，也都触礁而亡。直面这一悖论，仿佛就要做如下区分了。

【§9—12. 肖似之接近与趋向之接近】

我们必须区分，两种可能被称为"接近上帝"(nearness to God)的情况。一个是"肖似上帝"(likeness to God)。我想，上帝在祂的一切造物身上，都留下了某种与祂肖似之烙印。时间和空间，以各自的方式，反映了祂的伟大；一切生

---

① 《马太福音》十一章28—30节："凡劳苦担重担的人，可以到我这里来，我就使你们得安息。我心里柔和谦卑，你们当负我的轭，学我的样式，这样，你们心里就必得享安息。因为我的轭是容易的，我的担子是轻省的。"
② 见《诗篇》八十一篇10节。又，《马太福音》七章7—8节："你们祈求，就给你们；寻找，就寻见；叩门，就给你们开门。因为凡祈求的，就得着；寻找的，就寻见；叩门的，就给他开门。"

命,反映其化育万物(fecundity);动物生命,反映其生生不息(activity)。人因其理性,而具有比上述种种更重要的一种肖似。① 而天使,我们相信,具有人类所没有的肖似:不死与直觉知识。② 由此看来,所有人,无论善恶,所有天使,包括那些堕落了的,都比动物更肖似上帝。在此意义上,他们的本性"更接近"神性(the Divine Nature)。③ 不过,还有

---

① 《创世记》一章26—27节:神说:"我们要照我们的形像,按着我们的样式造人,使他们管理海里的鱼、空中的鸟、地上的牲畜和全地,并地上所爬的一切昆虫。"神就照着自己的形像造人,乃是照着他的形像造男造女。

关于人之神性(divinity),中国古典亦有相通之表述。如,《尚书·泰誓上》:"惟天地万物父母,惟人万物之灵。"《近思录》卷一:"天所赋为命,物所受为性。"卷二:"天地储精,得五行之秀者为人。"《文心雕龙·原道第一》:"仰观吐曜,俯察含章,高卑定位,故两仪既生矣。惟人参之,性灵所钟,是谓三才。为五行之秀,实天地之心。"

② 直觉知识(intuitive knowledge),与推论知识(discursive knowledge)相对。相当于中国古人所说的"不思而得不虑而能"。

③ 沃格林指出,古典知识都承认,人之为人,在于分有神性;现代知识,则剪除了人的神性之维。给人"去神性"(dedivinizing)的结果,必然就是"去人性"(dehumanizing):

由于对神性的分有,人具有神的形状,构成了人的本质,因而伴随着人的失去神性而来的,一定是人失去人性。(沃格林《希特勒与德国人》,张新樟译,上海三联书店,2015,第108—109页)

一个事物的本质是不能改变的,无论谁想要"改变"这个事物的性质,那他其实是摧毁了这个事物。人不能把自己改造成为一个超人,试图创造超人就是试图谋杀人。历史地说,随着谋杀上帝之后产生的不是超人,而是谋杀人;在灵知理论家谋杀了神之后,接着就是革命实践者开始杀人。(同上,第56页)

另外一种,可称之为趋向之接近(nearness of approach)。如果真有趋向之接近这回事,那么,一个人"最接近"上帝的状态,就是他最安心最果决地趋向他与上帝之最终联合(final union with God)、得见上帝、乐享恩荣的那些状态。而一旦我们区分了肖似之接近与趋向之接近,我们就会看到,它们未必重合。或许重合,或许不然。

打个比方,或许有点帮助。姑且假定,我们正走在山路上,要回家园所在的村庄。正午时分,来到一座悬崖顶上。从空间上讲,我们离家很近很近,因为家就在崖底。扔块石头,都能到院里。可我们不是攀岩高手,不能顺岩而下。必须绕一大圈,或许,五英里吧。途中很多地点,静态而言,与坐在崖顶那时相比,我们离村庄更远了。但这仅是静态而言。就行路而言,离家则"近"了许多,很快就能沐浴、喝茶了。①

---

① 路易斯在《返璞归真》卷三第3章说:我可以重复"你们愿意人怎样待你们,你们也要怎样待人"这句话,一直重复到声嘶力竭,但是不爱人如己便不能将它真正付诸行动,不学会爱上帝便不能学会爱人如己,不学会遵守上帝的诫命便不能学会爱上帝。所以,正如我前面告诉你的,我们被一步步逼到需要考虑更内在的东西——从考虑社会问题到考虑宗教问题的地步。因为最长的弯路也是最近的归途。(汪咏梅译,华东师范大学出版社,2007,第95页)

由于上帝神圣、全能、至高无上、是造物主,①显然在某种意义上,幸福、力量、自由及丰饶(无论心灵还是肉体),无论出现在人生何处,都构成与上帝之肖似,并因而接近上帝。可是没人以为,拥有这些天赋,就与我们之成圣,有什么必然联系。没有任何财富是天国通行证。②

在崖巅,我们离村很近。可是坐得再久,沐浴和茶水也不会离我们近上一步。同理,上帝赋予特定造物及这些造物特定境界的与己肖似,以及肖似意义上的与己接近,是与

---

① 原文是:Since God is blessed, omnipotent, sovereign and creative.
② 《马太福音》十九章23节:有一个人来见耶稣说:"夫子,我该做什么善事,才能得永生?"耶稣对他说:"你为什么以善事问我呢? 只有一位是善的。你若要进入永生,就当遵守诫命。"他说:"什么诫命?"耶稣说:"就是不可杀人,不可奸淫,不可偷盗,不可作假见证,当孝敬父母,又当爱人如己。"那少年人说:"这一切我都遵守了,还缺少什么呢?"耶稣说:"你若愿意作完全人,可去变卖你所有的,分给穷人,就必有财宝在天上,你还要来跟从我。"那少年听见这话,就忧忧愁愁地走了,因为他的产业很多。耶稣对门徒说:"我实在告诉你们:财主进天国是难的。我又告诉你们:骆驼穿过针的眼,比财主进神的国还容易呢!"路易斯在《基督教答问》中,曾对此教义,做过如下阐释:"毫无疑问,当然是指通常意义上的'财富'。但是我认为,它其实涵盖了各种意义上的财富——顺风顺水、健康、人气,以及人都想着拥有的一切。所有这些事物——恰如金钱——往往使你自己感到独立于上帝,因为,假如你拥有了它们,你就已经幸福,此生志得意满。你无复他求,故而你会力图安于这种烟云般的幸福(a shadowy happiness),仿佛它会持续到永远。"(见路易斯的神学暨伦理学论文集 God in the Dock,拙译该书华东师范大学出版社即出)

生俱来,内在固有的。① 仅凭肖似之接近这一事实,我们不会接近上帝一步。而趋向之接近,根据定义,则是持续之接近。肖似是上帝所赐——我们领受,或心怀感恩或心无感恩;我们或善用,或滥用。而趋向(approach),无论恩典(Grace)如何兴发或如何支持,却是我们必须力行之事。受造之物,不经努力甚至未经同意,就以不同方式反映着上帝的形像(images of God)。它们并非因此而成为上帝之子(sons of God)。它们因儿子名分所领受的肖似,不是形像或肖像之似。从某种意义上讲,那不仅仅是肖似,因为那是意志上与上帝联合或合一(union or unity with God in will)。这样说,与我们方才考虑的两种接近之别,完全一致。因而,恰如一位优秀作家所说,我们此生效法上帝(imitation of God)——也即我们志愿效法,有别于祂在我们的本性或境界中烙下的任何肖似——必然是效法道成肉身之上帝(an imitation of God incarnate):我们的榜样是耶稣,不只是髑髅地受难的耶稣,而且是工场里、大路上及人群中的

---

① 原文是:So here; the likeness, and in that sense nearness, to Himself which God has conferred upon certain creatures and certain states of those creatures is something finished, built in.

耶稣,是被推来搡去、成众矢之的、永无宁日、栖栖遑遑、命途多舛的耶稣。凡斯种种,虽与我们可以归于神圣生命本身(the Divine life in itself)的任何东西都大相径庭,但显而易见,不仅仅肖似神圣生命(the Divine life),而且就是神圣生命之人类境遇。

【§13—17. 缘何区分两种接近:以防爱僭居为神。】

现在必须解释一下,就如何看待我们的爱而言,我缘何发现这一区分不可或缺。圣约翰说,神就是爱。在我心里,长期以来与之补正对参的则是一位现代作家(M. D. 鲁日蒙)的警语:"爱唯有不膨胀为神,方不沦为魔。"①这句警语,当然可以改写为:"爱一旦膨胀为神,就即刻沦为魔。"在我看来,这一补正是个不可或缺的安全阀。假如忽略了它,上帝就是爱这一真理的意思,在我们心中就会偷偷逆转为:爱就是上帝。②

---

① M. D. 鲁日蒙(M. Denis de Rougemont,1906—1985),瑞士作家,文化理论家,以法语写作。路易斯引用的这句名言:"Love ceases to be a demon only when he ceases to be a god."广为传颂,但出处未知。疑出自鲁日蒙的名著《西方世界的爱》(Love in the Western World),待考。

② 英国学者西蒙·梅(Simon May),在《爱的历史》(Love: A History)第一章一开头就指出,自从尼采宣称"上帝死了"之后,人们就将属人之爱推到上帝的席位,于是"上帝是爱"被逆转为"爱是上帝":(转下页注)

我想，每个曾经思考过爱的问题的人，都会明白 M. D. 鲁日蒙的意思。每种属人之爱（human love），诣其极，都有一种苗头：以神圣权威自命。说话口气，听起来像是上帝本身的意志。它告诉我们，要不计代价；要我们全心投入；它试图搁置一切别的呼召（claims）；它怂恿我们，任何行为，只要真心"为爱而发"，就都合法，以至可嘉。大家都看到，情爱（erotic love）及爱国或许企图藉此"成为神"。亲情（family affection）或许也会如此。友爱（friendship）或许在所不免，不过方式不同。此处先不赘述，因为在后面的章

（接上页注）

1888年，尼采发出呐喊："几乎两千年了，没有一个新的上帝！"

然而，尼采错了。新上帝已然在他眼皮底下悄然降临。这新的上帝正是爱——人类之爱。

一度只有神圣之爱才能肩负的职责，现在正由人类之爱承担：成为意义和快乐的终极源泉，成为战胜苦难和失望的力量。这种力量绝非罕有的例外，我们每一个对爱怀有信仰的人都可能拥有；它不是由上帝这个造物主注入我们内心的结果，要获得它，无须经过漫长和严格的训练。在某种程度上，这是一种几乎我们每个人都与生俱来的、无意识的本能力量。

现代人将对爱的信仰视为一种普世的、民主的救赎方式，这是漫长的宗教历史中人类之爱将上帝之爱视为源头并加以模仿的结果，但荒谬的是，人类之爱得其所在，正是因为宗教信仰的衰落。自18世纪末以来，基督教退场所造成的真空逐渐被爱所填补。大约自那时起，"上帝是爱"逆转为它的反面——"爱是上帝"。后者更由此成为整个西方世界或许普遍接受的唯一宗教，尽管它从未被公开正名。（孙海玉译，中国人民大学出版社，2013，第1页。）

节,我们会一再与它碰面。

务请留意,天性之爱(the natural loves)①发出这一渎神声称之时,可不是在其最为不堪的自然状态,而是在其最为美好的自然状态;当其被祖辈称为"纯洁"或"高贵"之时。这在爱情领域,尤为明显。诚实无欺发自内心要作自我牺牲的激情,仿佛以上帝口吻给我们发话。纯兽性的或轻佻的淫欲,则不会如此。这种淫欲败坏难于自拔者,法门多多,但却不是这一法门;一个人会遵此情欲行事,但不会敬重它,恰如挠痒痒的人不可能敬重痒痒。一位蠢妇,时不时放纵一下娇生惯养的孩子,其实是在自我放纵——心血还在来潮之时,孩子就是她的活玩偶。与另位(确确实实)"为儿子而活"的女人之深衷专一的献身相比,②蠢妇之娇惯更不可能"成为神"。而且我倾向于认为,由啤酒和军乐队激发的那种爱国热情,对祖国为害不大(为善也不大)。再来一杯啤酒或加入合唱队,这种

---

① the natural loves,指我们的自然天性里的爱,汪咏梅和王鹏均译作"自然之爱",本无可厚非。但因在环境哲学和美学领域,汉语学界亦将 the love of nature 亦译作"自然之爱"。为避免含混,拙译译为"天性之爱"。

② 本书第三章第35—37段就描写了这样一位"为家人而活"的菲吉特太太。

爱国热情大概也就烟消云散了。①

当然，这应都在我们的意料之中。我们的爱，不会以神性（divinity）自命，除非这一自命振振有词。这一自命不会振振有词，除非在这些爱之中，与上帝或神爱（Love Himself）确实有相似之处。在此，切莫误会。我们的赠予之爱确实肖似上帝；而在赠予之爱中，那些赠予起来无疆无界、不知疲倦的爱，最最肖似上帝。诗人们对它们所说的一切，都是实话。其喜乐、活力与耐心，其阔大胸怀，为其所爱谋幸福的渴望，这一切都是神圣生命（the Divine life）的真实不虚且几乎值得崇拜的一种形象。在这个形象面前，我们理当感谢上帝，"赐予人如此能力"。我们或许可以说，有伟大爱心之人，距上帝"近"。这样说没错，有其道理。但这当然是"肖似之接近"（nearness by likeness）。其本身并不会产生"趋向之接近"（nearness of approach）。这一肖似已经赐予我们。它与那种必是我们自身之务（虽然我们绝非无

---

① 卡尔·波普尔（Karl Popper）指出，人类灾祸的源头不是"聪明和邪恶的混合"，而是"善良和愚蠢的混合"。这个观点跟路易斯此处所论，气脉相通。波普尔的观点，详见其《猜想与反驳》，傅季重 等译，上海译文出版社，1986，第 521 页。

助)的趋近(approach)、路长而又艰辛的趋近,并无必然联系。不过话说回来,这一肖似光彩夺目,使我们误认肖似为相同。我们将独献于神的那种无条件的忠贞,或许会献给属人之爱。于是它们就成了神:于是它们就成了魔。于是它们就会摧毁我们,也会摧毁自身。因为被容许成为神的天性之爱,就不再是爱了。它们虽名为爱,实则会蜕变为形态复杂的恨。

我们的需求之爱,或许贪婪而又严苛,可它们并不僭居为神。它们还不够接近上帝(肖似之接近),不会有此企图。

【§18. 既不做膜拜者,也不做拆穿家】

由此看来,我们必须既不做属人之爱的膜拜者(idolaters),又不做"拆穿家"(debunkers)。膜拜爱情或"家庭亲情",是19世纪文学的一大毛病。布朗宁①、金斯利②以及帕特莫尔③有时说话,仿佛是认为,坠入爱河与成圣(sanctification)无异;小说家则习惯性地把"俗世"(the World)与

---

① 布朗宁(Robert Browning,1812—1889,亦译勃朗宁、白朗宁),英国维多利亚时期诗人。
② 金斯利(Charles Kingsley,1819—1875),英国圣公会牧师、教师和作家。
③ 帕特莫尔(Coventry Patmore,1823—1896),英国诗人,小品文作家。

家对立，而不是与天堂对立。我们生活的时代，则反其道而行。拆穿家让其父辈爱的颂歌中所说的绝大多数话，都蒙上胡言乱语或多愁善感的污名。他们通常会将我们的天性之爱，连根拔起，将其沾满泥土的根茎曝之于众。不过窃以为，我们务必"既不听信聪明过度之人，也不听信愚蠢过度之人"。"没有卑下的基础则无以立高。"①一棵植物，必定下面有根，恰如上面有太阳。根，必然沾满泥土。根上的泥土，只要让它呆在花园，而不是将其撒上书桌，这土就干净。属人之爱能够成为圣爱（Divine love）的荣美形象（glorious image）。足以至此，却也无过于此——肖似之接近在此事上会促成趋向之接近，在彼事上则会妨碍趋向之接近。有时候，则既不促进也不妨碍。

---

① 《礼记·中庸》："君子之道，辟如行远必自迩，辟如登高必自卑。"

2 对低于人类之事物的喜好与爱[①]
Likings and Loves for the Sub-Human

【§1. 严分爱与喜好,陈义过高】

我这代人,大都因说了"爱"草莓,而被讥笑为长不大。还有一些人,则为这一事实而自豪:英文有"爱"(*love*)和"喜好"(*like*)两个动词,而法语则不得不将就着用 *aimer* 一词来表示二者。只不过人家法语,自有许多别的表达。而且,还经常借鉴英语用法。几乎所有人,无论多么学究或多么敬虔,每天都

[①] 本章标题,汪译本译为"物爱",殊为传神。但也易引起些许歧义。因为路易斯本书依古希腊对"爱"之分类,只论四种爱。"物爱"一词,易令人心生疑惑:莫非还有第五种?

说"爱"某种食物、某项运动或某种消遣。而且事实上，我们对事物的基本喜好(our elementary likings for things)与对人的爱(our loves for people)二者之间，有连续性。由于"没有卑下的基础则无以立高"，我们最好从最低处着手，先谈单纯的喜好(mere likings)。又由于"喜好"某事物，意味着从中获得某种"快乐"，我们就必须先说说快乐(pleasure)。

【§2—8. 有需求之乐，有欣赏之乐】

人们老早就发现，快乐可分两类：一类是除非先有欲求(desire)，否则就绝无快乐可言；一类则凭其自身就是快乐(pleasures in their own right)，无需此类前提。第一类快乐，可以饮水为例。你若口渴，饮水就是一种快乐；你若特别口渴，饮水就是一种大快乐。在这个世界上，若非口渴难耐或遵医嘱，大概没人只图好玩开心，给自己倒上一杯水，一饮而尽。第二类快乐，且以一缕幽香给你的不求而得飘然而至的快乐为例。清晨漫步，豆田或香豌豆丛的气息，与你不期而遇。① 对此气息，你一无所求，怡然自足；这一快乐，或许甚为巨大，却是不请自来额外附加的馈赠。为求明

---

① 川端康成的名文《花未眠》云："美是邂逅所得，是亲近所得。这是需要反复陶冶的。"

晰，我举的都是简单例子。当然，是有许多复杂情形。你期望有人给你（且心满意足于）一杯水时，却得到咖啡或啤酒，当此之时，你当然得到第一类快乐（解渴），同时也得到第二类快乐（美味）。反过来，上瘾则会把曾经的第二种快乐，转化为第一种。节制之人（the temperate man），偶尔喝一杯酒是一种款待——如豆田之幽香一般。可是对于酒鬼，其味觉与肠胃久遭破坏，除了缓解一阵难忍的渴望，酒不会给他任何快乐。只要他依然知味，他就会讨厌酗酒；可是，相对于保持清醒之苦痛，酗酒令他更好受一些。两类快乐尽管相互转化相互融合，但其分际却清晰可辨。我们可称之为需求之乐（Need-pleasures）和欣赏之乐（Pleasures of Appreciation）。

需求之乐与上章所说的"需求之爱"，相似之处有目共睹。可是你记得，我在上章承认，我曾不得不抵挡这一苗头：贬抑需求之爱，甚至说它们根本就不是爱。在此，绝大多数人或许有一种相反倾向。夸夸其谈，对需求之乐大加抬举，对欣赏之乐颇有微词，很是容易：一个何其自然（堂而皇之的一个词）、何其必要，因其自然而然而无过度之虞；另一个则并非必需，为种种奢华或罪恶大开方便之门。关于这一主题,要是缺乏说辞,我们蛮可以打开斯多葛学派①的著作,话头就像旋开的水龙头,水流足够我们冲个澡了。②然而,在整个探讨过程中,我们务必小心,切莫过早采用一种道德的或评价的态度。人类心灵,一般都热衷于褒扬或贬斥,而非描述及界定。它想使得任何区分都成为

---

① 斯多葛学派(the Stoics,亦译"斯多亚学派"),希腊化时期(前334—前30)和罗马帝国时期(前30—476)的哲学学派,同伊壁鸠鲁学派和怀疑学派并列。在伦理学上,斯多葛学派一般与伊壁鸠鲁学派并提。伊壁鸠鲁学派一般与快乐主义相联,因为它"赋予快乐以核心地位,认为所有动物一旦出生,就即刻开始寻求快乐,将快乐奉为最大的善,将痛苦当做最大的恶"。(安东尼·肯尼《牛津西方哲学史》第一卷,王柯平译,吉林出版集团,2014,第331页)斯多葛学派则几乎反其道而行,它认为动物的第一冲动不是寻求快乐,而是自我保存。故而,人需师法自然,需清心寡欲:"斯多葛学派的理想是摆脱激情或无动于衷。"(梯利《西方哲学史》,葛力译,商务印书馆,1995,第121页)斯多葛学派代表人物塞涅卡在《论幸福生活》卷三曾说:"虽然我不再明言,你自然知道:这样就会得到一种持久的心灵安宁,一种自由,不为任何刺激和恐惧所动。要知道,肉体上的快乐是微不足道的、短暂的,而且是非常有害的,不要这些东西,就得到一种有力的、愉快的提高,不可动摇,始终如一,安宁和睦,伟大与宽容相结合。要知道,一切漫无约束的东西都是软弱的标志。"(见《西方哲学原著选读》上册,北京大学哲学系外国哲学史教研室编译,商务印书馆,1981,第190页)

② 在中国古典哲学中,墨家和道家之著作,此种观点也所在多有。如《老子·第三章》:"是以圣人之治,虚其心,实其腹,弱其志,强其骨,常使民无知无欲,使夫智者不敢为也。"《老子·第十九章》:"见素抱朴,少私寡欲。"如《墨子·非乐上》:"姑尝厚措敛乎万民,以为大钟鸣鼓琴瑟竽笙之声,以求兴天下之利,除天下之害,而无补也。是故子墨子曰:为乐非也。"

价值区分;①因而就有了这样一些不可救药的批评家:不给两位诗人排出座次,便说不出二人之不同,仿佛他们是某个奖项的候选人似的。关于快乐,我们切莫做这种事。实存(reality)太过复杂。欣赏之乐一旦变坏(因为上瘾),便会以需求之乐而告终,这个事实已经警示过我们这一点了。

总之,对于我们,两种快乐的重要性,取决于它们在多大程度上预示了我们的(名副其实的)"爱"的特征。

口渴之人,才刚喝完水,或许会说:"老天,我方才就想喝水。"刚刚"小酌"一番的酒鬼,也会这么说。那个清晨漫步,途经豆田的人,更有可能说:"真是香气怡人。"品酒师刚

---

① 路易斯在《返璞归真》中指出,人类的这一思维习惯,使得语言里的好多词都成了废品。他以"绅士"一词为例,说明了这一点。他说,gentleman一词,本为中性词,是指"佩带盾徽、拥有地产的人"。说一个人是绅士或不是绅士,并无敬与不敬之分,因为这只是描述事实。但是后来,绅士一词变为褒义词,不再指向事实,而是与特定品德联系起来。这时称某人为绅士,那就是赞扬;称某人不是绅士,那就是侮辱。"绅士风度"一词,基于这一转变。

这一转变往往是自然而然,因为正直谦恭勇敢等品德当然比盾徽和地产重要得多啊。但这一转变往往会使语言变得贫瘠:"当一个词不再用作描述,纯粹表示赞扬时,它就不再告诉你有关对象的事实,只是告诉你说话者对那个对象的态度。(一顿'不错的'饭菜指的只是说话者喜欢的饭菜。)绅士这个词一旦被灵性化、纯净化(spiritualised and refined),脱离了它原来粗俗的、客观的含义,指的几乎就是说话者喜欢的人,所以绅士现在变成了一个无用之词。"(汪咏梅译,华东师范大学出版社,2007,第15页)

抿了一口上等红酒,会同样说:"真是好酒。"谈到需求之乐,我们往往用过去时态的语句,言说自己;谈起欣赏之乐,往往用现在时态的语句,言说对象。① 个中缘由,不难理解。

莎士比亚曾这样描述专横情欲寻求满足的情形:

舍命追求,一到手,没来由,
便厌腻个透。②

最单纯最必需的需求之乐,也有某些类似特征——当然,只是某些。一旦有了这些需求之乐,虽不至于厌腻,但它们必定会以惊人速度"消逝",无影无踪。顶着日头刈草,

---

① 由于汉语并无时态,故而,很难表述路易斯所言的这一差别。兹附英文原句如下:"By Jove, I *wanted* that." "How lovely the smell *is*." "This *is* a great wine."

② 原句为:"Past reason hunted and, no sooner had, /Past reason hated."语出莎士比亚《十四行诗》第129首第5—6行。辜正坤先生中译全诗如下:"损神,耗精,愧煞了浪子风流,/都只为纵欲眠花卧柳,/阴谋,好杀,赌假咒,坏事做到头,/粗野,残暴,背信弃义不知羞。/才尝得云雨乐,转眼意趣休。/舍命追求,一到手,没来由/便厌腻个透。呀,恰像是钓钩,/但吞香饵,管叫你六神无主不自由。/求时疯狂,得时也疯狂,/曾有,现有,还想有,要玩总玩不够。/适才是甜头,转瞬成苦头。/求欢同枕前,梦破云雨后。/唉,普天下谁不知这般儿歹症候,/却避不了偏往这通阴曹的天堂路儿上走!"

口干舌燥,进屋的当儿,厨房里的水龙头和水杯,确实特别引人;①六秒钟后,它们就引不起任何兴趣。煎炒食物的气味,饭前与饭后,闻起来很不相同。还有,且容我举个最极端的例子,我们大多数人(在陌生小镇上)不都有过这么一刻:看见一扇门上写着"男"字,欢欣雀跃,几乎值得赋诗相庆了?

欣赏之乐,则大不相同。它们使我等感到,某些东西不仅事实上(in fact)满足了我们的感官,而且理当(by right)得到欣赏。品酒师不只像脚凉就暖脚那般,乐享红酒。他感到,面前这酒,值得他全神贯注;它不枉融入其酿造的一切传统与工艺,也不枉他多年以来的味觉训练。他的态度中,甚至闪烁着一丝无私(unselfishness)。他想让这酒得到妥善保管,一点不是为了自己。即便在弥留之际,再也不能饮酒,思及这一佳酿会被倒掉或糟践,抑或被(像我这样的)分不出酒之好赖的土包子喝掉,也会心意难平。途经豆田的那个人,也是如此。他不仅仅乐在其中,他也感到,此芳香不知怎地就理应得到乐享(enjoy)。要是路过的那时,他

---

① 英国厨房水龙头上的水,可直接饮用。

竟浑然不觉或不以为乐,就会自责。那就是死木头(blockish),就是麻木不仁(insensitive)。① 这样的赏心乐事竟被虚耗,他会引以为耻。此后经年,他都会记得这一美景良辰。当他听说,那天漫步路过的那块田园,如今已被夷平,修了影院、车库和新马路时,会怅然若失。②

科学上讲,这两种快乐无疑都与我们的身体机能(organisms)有关。可是,需求之乐则大声宣告,它们不仅与人体构造(human frame)有关,而且与其临时境况有关。在此关系之外,需求之乐对我们根本没有意义(meaning)或兴致(interest)。而提供欣赏之乐的客体,则令我们感到——无论理性与否——我们不知怎地就应品味、在意并赞美它。"那酒给路易斯喝,真是罪过。"红酒专家会说。"路过那块

---

① 英国美学史家李斯托威尔在《近代美学史评述》说:"审美的对立面和反面,也就是广义的美的对立面和反面,不是丑,而是审美上的冷漠,那种太单调、太平常、太陈腐或者太令人厌恶的东西,它们不能在我们的身上唤醒沉睡着的艺术同情和形式欣赏的能力。"(蒋孔阳译,上海译文出版社,1980,第232页)周汝昌在2004年2月11日的"百家讲坛"上亦曾说,成为一个诗人的第一条件就是"多愁善感",其反面则是麻木不仁。

② 关于这种由美景良辰所唤起的无可奈何或不知如何是好,古诗文多有触及。如《世说新语·任诞》:"桓子野每闻清歌,辄唤奈何。"如苏轼《后赤壁赋》:"有客无酒,有酒无肴,月白风清,如此良夜何?"如王国维:"何处江南无此景,只愁没个闲人领。"

田园,那气息你竟然闻而不觉?"我们会问。可是对于需求之乐,我们永远不会有此感:并不口渴,途经水井就没打水来喝,我们不会因此而自责或责人。

【§9. 需求之乐与需求之爱】

需求之乐如何预示需求之爱,显而易见。在需求之爱中,我们联系自身需求看待被爱(the beloved),恰如口渴之人看待厨房水龙头或酒鬼看待那杯杜松子酒。需求之爱与需求之乐一样,不会比需求(need)持续更久。所幸这并不意味着,始于需求之爱的一切感情都短暂无常。需求本身或许长久或反复出现。另一种爱或许会嫁接在需求之爱上。道德原则(忠于婚姻、孝道、知恩图报等等)或许会将此关系维系终身。① 然而,当需求之爱孤立无援,我们就很难指望当需求不再之时,需求之爱不会在"我们身上消逝"。正因为此,尘世以上回荡着哀怨:母亲们哀怨,孩子长大成人就厌弃她们;弃妇们哀怨,爱人的"爱"纯是需求,她们则提供满足。我们对上帝的需求之爱,则处于不同位置,因为

---

① 彬贺姆《鲁益师的奇幻王国与真实世界》记载,路易斯的母亲临终前,曾对照顾她的护士说:"你结婚呢,要找一个爱你、也爱神的人。"(吴丽恒译,香港:基督教文艺出版社,2005,第58页)

我们对祂的需求，无论在此岸世界还是彼岸世界，都不会终止。可是我们的这种认识却会终止，那时，对上帝的需求之爱也就死亡了。"平时不烧香，急来抱佛脚。"① 某些人一旦脱离"险境、困穷或苦难"，其宗教信仰便如花凋零。把他们短命的虔敬形容为伪善，似乎没啥道理。难道他们那时就不真诚？他们深陷绝望，大声求救。当此之时，谁不真诚？②

【§10—13. 欣赏之乐与欣赏之爱】

欣赏之乐所预示的，说起来则要费些周折。

首先，我们全部美的体验（experience of beauty），都始于欣赏之乐。在这种快乐中，不可能划一条线，线下是"感性的"（sensual），线上是"审美的"（aesthetic）。③ 红酒专家的体

---

① 原文"The Devil was sick, the Devil a monk would be.", 乃一英文谚语。其字面义是，当魔鬼生病，为了求神，会变得像修士一样虔敬。汪咏梅和王鹏都译为"魔鬼病了，也会变成修士"，意思殊不差，却易于让人不知所云。故而藉汉谚"平时不烧香，急来抱佛脚"意译。

② 毛姆《作家笔记》："后来大战来了，随之而来的痛苦、恐惧和困惑让许多人选择了宗教。看到别人死去（他们并不怎么在乎这些人），他们便通过信仰全能的、大慈大悲的、无所不知的造物主来给自己以慰藉。"（陈德志、陈星译，南京大学出版社，2011，第168页）

③ 审美（aesthetic）一词之本义，就是"感性"（sensual）。故而，汉语界基本达成共识，译 aesthetics 为"美学"，是误译，应译为"感性学"。

验,已经包含了专注、判断和训练有素的觉察力的因素,这些都不是感性的;音乐家的体验,则依然包含着感性因素。田园气息的感性快乐,与整体地乐享乡野(或"美")甚或乐享画家及诗人之描画,其间并无分际——而是一衣带水。

恰如我们前面所见,这些快乐中,从一开始就有无功利(disinterestedness)①的影子或曙光,或对它的约请。当然,关于需求之乐,我们在某种程度上也可以无功利或无私(unselfish),这样甚至还更英雄气:身负重伤的锡德尼让给濒死之士兵的,是一杯水。② 不过,这不是我现在所指的那

---

① disinterestedness,一个重要的美学概念和伦理学概念,如今一般汉译为"无功利性"或"无利害性",朱光潜先生则意译为"无所为而为"。拙译为求文句通畅,大都译为"无功利",偶尔会译为"一无所求"。

从思想史角度看,"无功利性"(disinterestedness)这一概念之所以走上前台,是为了反对托马斯·霍布斯的"理智的利己主义"(intellectual egoism)。霍布斯论证说,道德和宗教教训,都可以被最终还原为"开明的自利"(enlightened self-interest)。为反对此,夏夫斯伯里(Shaftsbury)以及剑桥的柏拉图主义者,坚持认为,德性和善必须必然地是"无功利的"(disinterested),它们必须因其自身而被追求,而不是因为自利的动机。

② 菲利普·锡德尼爵士(Sir Philip Sidney,1554—1586),伊丽莎白时代的诗人和骑士,《为诗辩护》之作者。最后一次战斗中,锡德尼爵士被射中大腿。26天之后,因坏疽死亡,年仅32岁。这里有个感人故事。战争结束时,死伤遍地。锡德尼爵士亦生命垂危,口渴难耐。一名士兵递给他一杯水。他婉言谢绝,将水让给了身边一位濒死的士兵。他说:"你比我更需要水。"(Thy need is greater than mine)事见《泰西50轶事》(*Fifty Famous Stories Retold*)第13则。

种无功利。锡德尼爱他的邻人。可是,即便在最卑下的欣赏之乐中,对客体本身的某些感受,我们禁不住称之为"爱",禁不住称之为"无功利"。至于欣赏之乐成长为对一切美的满心欣赏(the full appreciation of all beauty)之时,就愈发如此了。正是这种感受,使得一个人不愿损毁一幅伟大画作,即便他是世上最后一位幸存者,而且即将死去;正是这种感受,使得我们为森林未被糟践而庆幸,即便我们永远也看不到了;正是这种感受,使得我们操心惦念,田园或豆田应保留下去。我们不仅仅喜好这些事物;一时之间,我们还以一种上帝口吻称它们:"甚好。"①

现在,我们的登高必自卑的原则——"没有卑下的基础则无以立高"——开始有红利可分了。它向我揭示出,前面将爱分为需求之爱和赠予之爱,略显不足。爱里面还有欣赏之乐预示出来的第三元素,重要性不亚于前二者。此物甚好这一判断,像某种债务一样奉还给它的这一注意(近乎敬意),即便我们永远无法乐享它却仍愿它是其所是且继续

----

① 《创世记》一章 31 节:"神看着一切所造的都甚好。有晚上,有早晨,是第六日。"

是其所是(it should be and should continue being what it is)的这份心愿——凡斯种种,都不仅可以针对事物,而且可以针对人。把它奉给一位女子,我们称其为倾慕(admiration);奉给一位男子,我们称其为景仰(hero-worship);奉给上帝,就是敬拜(worship)。

【§14—15. 爱之三元】

需求之爱,因我等之穷乏向上帝呼求;赠予之爱,盼着事奉上帝,甚至为上帝受苦;①欣赏之爱则说:"我们感谢祢,为主的荣耀。"②需求之爱说起一个女人:"没有她,我活不下去";赠予之爱渴望给她以幸福、安逸、保护——假如可能,还有财富;欣赏之爱则注视她,屏息静气,默默注视,即便与她无缘,也会为竟有如此之绝代佳人(such a wonder)而动容——令他完全心碎的,不是她拒绝了他,他宁愿得不到她,也不愿今生从未遇着她。

---

① 特蕾莎修女《爱的纯全》:"当我们触摸病人和穷人时,我们即触摸到基督受苦的身体";"不管谁是穷人中最穷的,对我们而言,他们都是基督,是隐藏在受苦人外貌下的基督"。(上智文化事业编译,北方文艺出版社,2009,第89页)

② 原文是"We give thanks to thee for thy great glory."语出《圣公会高派传统莎霖拉丁弥撒经书》。

剖析无异于屠刀。① 在实际生活中,感谢上帝,爱的这三个元素相互交织,此消彼长,时刻变换。或许三者之中,除了需求之爱,没有哪个能以"化学"纯净状态,单独存活超过几秒钟。这或许是因为,我们此生,除了穷乏(neediness),没有什么是永久的。

对非人之物的爱,有两种需要特别费些唇舌。

【§17—18. 自然爱好者欲师法自然】

就一些人而言,尤其是英国人和俄国人,我们所谓的"自然之爱"(the love of nature)或许是一种恒久而严肃的情操。我这里所说的自然之爱,不能完全归为爱美之一例。

---

① 原文为 We murder to dissect。语出华兹华斯(W. Wordsworth)的"The Tables Turned"(坊间多译为《劝友诗》,王佐良则译为《反其道》,杨德豫译为《转折》)一诗第 7 节:Sweet is the lore which Nature brings;/Our meddling intellect/Misshapes the beauteous forms of things——/We murder to dissect. 杨德豫译为:"自然挥洒出绝妙篇章;/理智却横加干扰,/它损毁万物的完美形象——/剖析无异于屠刀。"(《华兹华斯抒情诗选》,湖南文艺出版社,1996,第 231 页)王佐良译为:"大自然带来的学问何等甜美!/我们的理智只会干涉,/歪曲了事物的美丽形态,/解剖成了凶杀。"(《英国诗选》,上海译文出版社,1988,第 247 页)《庄子·应帝王》里所讲述的"七窍凿而混沌死"的故事,说的其实就是"剖析无异于屠刀"这个理。路易斯《人之废》第三章末尾也说:"也许,就其本性而言,解析(analytical understanding)必然一直是个蛇怪,它会杀死所见之物,而且只有杀死才能见到。"(华东师范大学出版社,2015,第 94 页)

当然,许多自然对象——林木、花朵及禽兽——都是美的。可是我心中的自然爱好者(nature-lover),不大关心这类个别的美的对象。有此关心的人,反而会令他们分心。对他们而言,漫游途中,一个热情的植物学家则是个讨厌游伴。这人总会走走停停,让他们去注意具体事物(particulars)。自然爱好者们也不寻找"风景"(views)或景观(landscapes)。华兹华斯,他们的代言人,对此大加抨击。他说,这导致"景色之间的比较",使得你自己"陶醉于色彩与比例所提供的一点可怜的异趣"。当你忙于这一批评及区分活动,你错失真正要务——"时间和季节那多变的情味"(moods of time and season),以及这地方的"精神"(spirit)。① 华兹华斯当然说得没错。正因为此,你若像他那般爱自然,风景画家(在户外)与植物学家相比,甚至是个更糟糕的游伴。

"情味"(moods)及"精神"(spirit),才是关键。可以讲,

---

① "幻觉中的悲凉"(visionary dreariness),语出华兹华斯《序曲》卷十二第115—121行:"我过分专注表面的事务,/热衷于景色之间的比较,陶醉于/色彩与比例所提供的一点可怜的/异趣,而对于时间和季节那多变的/情味,对于空间所具有的品德、/性情及精神的力量,却是完全/麻木漠然。"(丁宏为译,中国对外翻译出版公司,1997)

自然爱好者想要尽可能全面领受自然之言说,在每个特定时间和地点,也无论她说了什么。对于他们,某些景色显而易见的丰饶、优美(grace)及和谐,跟别的景色之阴森、萧瑟、恐怖、单调或"幻觉中的悲凉"①相比,不再珍贵。这种单调本身,从他们那里得到一种自愿应答(willing response)。那是自然说出的另一番话。他们向每个时辰,向每片乡野的特质(the sheer quality),完全敞开心扉。他们想沉浸其中,彻彻底底受其浸染。②

【§19—21. 自然并不施教】

这一体验(experience),如众多别的体验那般,在19世纪被捧上天之后,又被今人拆穿。而且我们当然还不得不

---

① 语出华兹华斯《序曲》卷十二第258行。为方便诸君理解,兹录第248—261行如下:"当我重又爬上那光秃秃的公用/荒山,我看见山凹下面有个/凄清的水洼,一个烽火台立在/那天的山顶;稍近一些,有位/姑娘头顶着水罐,迎着呼啸的/疾风,步伐显得艰难沉重。/实际上,那是个普通的景象,然而,/我该寻求无人用过的色彩/与文字,来描绘它,因为,当我向四周/望去,寻找失去的向导,我将/幻觉中的悲凉投向那四下的荒野、/凄清的水洼、孤峰顶上的烽火台、/还有那劲风中衣衫剧烈抖动的/姑娘。"(丁宏为译,中国对外翻译出版公司,1997)

② 华兹华斯"The Tables Turned"(《劝友诗》)一诗最后一节:"合上你索然无味的书本,/再休提艺术、科学;/来吧,带着你一颗赤心,/让它观照和领略。"(杨德豫译,出处同前)

承认拆穿家所说,华兹华斯不是作为诗人交流这一体验,而是作为哲学家(或半调子哲学家)谈论它时,说了许多很蠢的话。除非你已找到一些证据,否则,相信花朵享受它呼吸的空气就是愚蠢;即便此言不虚,不附加说明花儿无疑有苦有乐,就更其愚蠢。① 多数人也不是藉由"春天树林的律动"②学到道德哲学的。

即便多数人就是这样学到的,那么,也并不必然就是华兹华斯会赞同的那种道德哲学。它或许是残酷竞争的道德哲学。我想,某些今人学到的正是这个。对于他们,只要自然唤出"血液中的黑暗神灵"③,他们就爱自然;不是虽然,而是因为,性、饥饿及强力在此运行,无所谓怜悯,

---

① 华兹华斯《写于早春》第1—3节:"我躺卧在树林之中,/听着融谐的千万声音,/闲适的情绪,愉快的思想,却带来忧心忡忡。//大自然把她的美好事物/通过我联系人的灵魂,/而我痛心万分,想起了/人怎样对待着人。//那边绿荫中的樱草花丛,/有长春花在把花圈编织,/我深信每朵花不论大小,/都能享受它呼吸的空气。"(王佐良译,《英国诗选》,上海译文出版社,1988,第245页)

② 原文为:"impulse from a vernal wood."语出华兹华斯的"The Tables Turned"一诗第6节:"春天树林的律动,胜过/一切圣贤的教导,/它能指引你识别善恶/点拨你做人之道。"(杨德豫译,出处同前)

③ 原文为:"the dark gods in the blood."不知语之所出。Hayseed 有小说名为 *Dark Gods in the Blood*.

无所谓羞耻。①

假如你以自然为师,她将教给你的,恰好就是你已经下定决心去学的那些教训;②这只是换个法儿说,自然并不施教。以她为师的苗头,显然很容易嫁接到我们称之为"自然之爱"(love of nature)的体验上面。可是,这只是嫁接。当我们真的臣服于自然之"情味"(moods)及"精神"(spirits),它们也不指向道德。压倒一切的欢欣(Overwhelming gaiety)、难以驾驭的宏大(insupportable grandeur)、昏天暗地的凄凉(somber desolation),都奔你而来。假如你非得从中

---

① 巴尔赞《从黎明到衰落》第四部分曾写道,第一次世界大战前夕,知识界从自然中学到的恰好是"物竞天择适者生存"的社会达尔文主义:"受过教育的公众在阅读周刊时会看到其中有些文章宣扬战争有理,或至少就这一观点进行辩论。这是当时人们争相谈论的问题,因为各种国籍、不同智力层次的作家都是社会达尔文主义者。他们相信自然选择的理论既适用于动物物种也适用于国家:斗争可以产生最强者。……战争也许会造成生命和金钱的损失,但它的回报是一个得到改善的'种族',一个更强、更出色、更能干的人民。生存竞争者这个用语被全面纳入法语和其他的语言。美国总统西奥多·罗斯福把这一概念归结为'紧张的生活',他形容外交政策是拿着大棒,脚步轻轻地走路。"(林华译,中信出版社,2013,第750页)

② 这个现象,在心理学领域称作"投射"(projection):"外射作用就是把在我的知觉或情感外射到物的身上去,使它们变为在物的。"(朱光潜《文艺心理学》,安徽文艺出版社,1996,第37—38页)"诗人和艺术家看世界,常把在我的外射为在物的,结果是死物的生命化,无情事物的有情化。"(同前,第39页)

弄点什么,随你的便。自然发出的唯一指令就是:"看。听。专注。"

【§22—25. 自然可以接引信仰】

此指令常常遭人误读,并使得人们弄出诸多神学、泛神学(pantheologies)及反神学(antitheologies)这些可被拆穿的东西——这一事实并未真正触及"自然之爱"的核心体验本身。自然爱好者们——无论是华兹华斯们,还是那些领受"血液中的黑暗神灵"的人——从自然中得到的,都是个"象"(iconography),①一种意象语言(a language of images)。我并不仅仅指视觉意象;"情味"与"精神"本身就是意象——有力展示了恐怖,阴郁,快活,残酷,肉欲,无邪,纯洁。凡斯种种,人人皆可拿来裹装(clothe)自己的信念。我们务须到别处学习神学或哲学(无怪乎我们常向神学家及哲学家求学)。

不过,当我说起在这些意象中"裹装"(clothing)我们的信念,我并不是指,像诗人那样用自然作明喻或暗喻。的确,我应当说"填充"(filling)或"体现"(incarnating),而不说

---

① 以"象"字译 iconography 一词,取观天象、旱象、得意忘象里的"象"字之意。《易·系辞上》:"天垂象,见吉凶,圣人象之。"

裹装。许多人——我本人即其中之一——要是没有自然之助,我们用来表白信仰的那些必需词汇,就空洞无物。自然从未教我,有位荣耀的主,至尊的主。我不得不从别的途径得知。可是,自然曾让"荣耀"(glory)一词对我有了一点意涵;①如今我仍旧不知道,还能再从别的什么地方发现一点。要是我不曾见过一些充满凶兆的峡谷及望而生畏的悬崖,我就仍不明白,"畏惧"上帝(the "fear" of God)除了小心谨慎安全为上之外,对我还有别的意涵。假如自然从未唤醒我身上的某些憧憬,我可用"爱"上帝(the "love" of God)一语所指的大片地带,就我所知,就永不存在。②

当然,一个基督徒可以如此利用自然这一事实,甚至都

---

① 牛津通识读本《康德》第六章:"康德指出,只有通过对自然的审美体验,我们才能把握我们的能力和世界的关系,才能理解我们的局限以及超越这些局限的可能性。审美经验让我们认识到,我们的观点毕竟仅仅是我们的观点;我们不是自然的创造者,正如我们也不是我们赖以进行观察和采取行动的观点的创造者。"(Roger Scruton 著,刘华文译,译林出版社,2011,第98页)

② 路易斯《飞鸿22帖》第17帖:"一个人必须先学会走路,再学跑步,学习敬拜也是一样。我们(至少我)如果没有学会透过低微的东西来崇拜神,就不懂得在巍峨的层次敬拜祂。顶多,信心和理智会告诉我们:神是配得尊崇的,但我们却不会亲身体验、亲眼看见祂是如此的一位神。树林中的任何一小片阳光都会向我们展示太阳的一些性质。那些单纯、自然涌发的欢愉,是在我们经验树林中的'片片神光'。"(黄元林等译,台北:校园书房,2011,第154页)

算不上证明基督信仰为真的初步证据。① 那些深受黑暗神灵之害的人,(我猜)同样也可以用她来证明其信条。关键就在这儿。自然并不施教。某真正的哲学有时候可以证实某自然体验;而某自然体验却无法证实某哲学。自然无法证明(verify)任何神学或形而上命题(或者说,以我们正在考量的这种方式无法证明);她将有助于展示命题意涵。

从基督教之前提来看,这不是偶然。受造物之荣美,或许有望给我们暗示出造物主;因为一个派生于另一个,并且以某种方式(in some fashion)反映了它。②

---

① 以此论证上帝之存在,在哲学和神学领域,被称为"设计论证"。尼古拉斯·布宁、余纪元编著《西方哲学英汉对照辞典》(人民出版社,2001)释"设计论证"(argument from design):

关于上帝存在的一个传统且被广泛接受的论证。自然现象存在着错综复杂的秩序,犹如机械或工艺品的情形。这就为这样的想法提供了证据:必定有一位对自然事物的构造和适应秩序负责的设计者,他具有远胜于人类才能的能力。因此,我们可以合理地假定:上帝作为这位设计者而存在。"类比论证"(其推论是:既然世界犹如一台时钟,就必定有时钟的制造者,即上帝)是这种论证的一个版本。……

"设计论证的理由,源于这样的事实:自然的规律是数学的,她的各部分仁爱地相互适应,它的原因既是智慧的又是仁爱的。"——詹姆斯:《宗教经验种种》,1960年,第422页。

② 路易斯《飞鸿22帖》第17帖:"我们不能,至少我不能,把鸟儿的唱歌只听为一种声音。某种意义、某种信息(如,'那是一只鸟')必随那声音而来。这正好像我们不能把一个印在纸上熟识的字,只看为一个视觉图样。阅读与看见同样是不自觉的。当风怒吼时,我不是只(转下页注)

【§26—28. 不应抬高亦不应贬低自然之爱】

只是以某种方式。这方式或许不像我们开始设想的那般直截了当。因为,另一派自然爱好者所强调的一切事实,当然也都是事实;肠内有蛔虫,恰如林中有报春花。试图调和二者,或试图表明二者其实无需调和,你就在转离对自然的直接体验——我们当前的话题——转向形而上学或神正论(theodicy),①或诸

(接上页注)听到'吼声',还听到'风声'。我们同样可以又'阅读'又同时'感到'一刻的欢愉。甚至不是'又同时'。那区别应该是不可能的(有时真是不可能);接收它与认识它神圣的源头是个单一整全的经验。那属天的美果,令人即时闻到天堂果园的芬芳;清甜的空气,悄悄细说了它所自出的乐园。这都是信息,叫我们知道,自己是那被永恒欢愉环绕的右手手指触动了。"(黄元林等译,台北:校园书房,2011,第152页)

① "神正论"(theodicy),简单说,就是针对恶的存在,为上帝的善、公义及全能辩护。尼古拉斯·布宁、余纪元编著《西方哲学英汉对照辞典》(人民出版社,2001)释 theodicy(神正论):

[源自希腊语 *theos*(神)和 *dike*(公正、正确)]这个术语由莱布尼茨在他1710年的著作《神正论:论神的善、人的自由和恶的起源》中引入,但是,基本的问题却是由波埃修斯提出的:*Si Deus justus-unde malum*(如果神是公正的,为什么有恶)? 它是神学的一部分,集中于协调作为全能、全知、全善和爱而绝对存在的上帝存在与世上邪恶存在的关系。人遭难与犯罪的经历使得对上帝公正的信仰成了一个问题。要么是上帝能够阻止邪恶但却不想阻止,要么是他愿意阻止邪恶但却无力实现;在前一情形下,他是全能的但却不善,或不公正,在后一情形下,他是善的但却不是全能的。神正论的主要任务,是要提供肯定的理由来为上帝允许道德和自然邪恶的存在作辩护,并试图证明我们的世界是一切可能世界中最好的。

"通过对邪恶的存在提出充足的理由,解释上帝的行为或无行为,这种类型的应答传统上称之为神正论,即对上帝之善的一种辩护。"——波列沃斯特:《或然性与有神论解释》,1990年,第26页。

如此类的东西。这事,或许很明智;但是我想,我们应让它与自然之爱畛域分明。当我们处于那一层面,当我们依然声称,谈论的就是自然直接"说给"我们的东西,就切莫僭越。我们已经看到,荣耀(glory)的一个意象。我们切莫尝试去找捷径,企图穿过它,以增益对上帝之知识。这条路,几乎立即消失不见。恐怖与神秘、天意之高深莫测及宇宙历史之盘根错节,会使之阻塞。我们走不过去;路也不是这条。我们必须绕道——离开山冈和丛林,回到书房,教会,圣经,还有我们的双膝。否则,自然之爱就开始变为自然宗教。① 到了那时,即便它不将我们引向黑暗神灵,也会引入巨大荒唐之中。②

---

① 自然宗教(nature religions),指一切崇拜自然事物或自然力的宗教,如崇拜天地日月山川风雨雷电等等。它与 natural religion 差别甚大。后者乃 natural theology(自然神学)或 rational theology(理性神学)之别称。
② 切斯特顿《回到正统》第五章,曾详陈自然之爱走向自然宗教之后的悖谬:

当社会仍然年轻,自然崇拜尚算合乎自然。换句话说,泛神论是没有问题的,只要停留在崇拜潘神(Pan)的阶段。可是不需多久,经验和理性就会发现大自然的另一面;而人身羊足的潘神不久就会露出原形,这绝不是轻率之言。不晓得什么缘故,自然宗教(Nature Religion)常常流于不自然,这正是反对自然宗教最大的原因。一个人早上爱上大自然的纯洁和亲切;日暮时分,他若仍爱大自然的话,爱上的竟是其黑暗和(转下页注)

我们无需将自然之爱——如我所建议的适可而止的爱——拱手交给拆穿家。自然满足不了她所激发的渴欲,回答不了神学问题,更不会令我们成圣。真正通往上帝的旅途,牵涉到时不时背对她;从晨曦初照的田野,走进简陋的小教堂,或许还要去东伦敦的一个教区去工作。不过,对她的爱,曾经是(has been)个弥足珍贵的发端,就某些人而言,还是个不可或缺的发端(initiation)。

我无需说"曾经是"(has been)。因为事实上,不让自然之爱越界的那些人,似乎才能葆有这种爱。这应在我们意料之中。这种爱,一旦树立为一种宗教,就开始膨胀为神——因而开始沦为魔。魔鬼,从不信守承诺。① 对力图

(接上页注)残酷。旭日初升,他像斯多葛派的智者一样于清水中洗涤尘垢;夜幕低垂,他却像背教者朱利安一样沐浴于热烫的公牛血中。仅仅追求健康往往导致不健康。大自然的事物一定不能变成顺从的直接对象;面对大自然,我们应抱着享受而不是崇拜的态度。星星和高山不应过分认真对待,不然,我们就会重蹈无宗教信仰者自然崇拜的覆辙。由于地球是良善的,我们于是模仿天地间一切的不仁。由于性是正常的,我们于是全都为性发狂。……认为一切都是美好的理论,沦为一切不良事物无节制行为的挡箭牌。(庄柔玉译,三联书店,2011,第80—81页)

① 路易斯《人之废》:"这是魔鬼交易(magician's bargain):我们交出灵魂,就给我们权力。然而,我们的灵魂,也即我们的自我,一旦被放弃,那授予我们的权力也就不再属于我们。我们把灵魂交给谁,我们事实上就会成为谁的奴隶或木偶。"(邓军海译,华东师范大学出版社,2015,第85页)

为自然之爱而活的那些人,自然"死了"。柯勒律治,最终对自然麻木不仁;华兹华斯,最终哀叹自然之荣光不再。晨起在花园祷告,不因露珠、鸟鸣和花朵而分心,离开之时,你会为花园之清新与欢悦而心醉;来到花园,以求心醉,到了一定年龄,十有八九,你一无所得。

【§29—31. 关于爱国:爱国主义是个混合物】

现在我来谈谈对祖国的爱。这里,无需赘述鲁日蒙的箴言;我们如今都知道,这种爱,一旦膨胀为神,就沦为魔。有些人开始怀疑,它本来就是个魔,再什么也不是。① 可这样一来,我们人类所成就的高尚诗歌和英雄事迹,有一半他们就不得不加以否弃了。甚至连耶稣为耶路撒冷之哀哭,②

---

① 跟汉语界不同,在西语界,爱国主义的名声似乎一直不大好。比如,约翰逊(Samuel Johnson)有名言:"爱国主义是恶棍最后的避难所。"(Patriotism is the last refuge of a scoundrel,见包斯威尔《约翰逊传》,罗珞珈、莫洛夫译,中国社会科学出版社,2004,第248页)。在《爱国者:致不列颠候选人》一文里,约翰逊对形形色色打着"爱国"旗号的人,逐一批驳。文见《人的局限性——约翰生作品集》,蔡田明译,国际文化出版公司,2009,第166—172页。

② 《路加福音》十九章41—44节:耶稣快到耶路撒冷,看见城,就为它哀哭,说:"巴不得你在这日子知道关系你平安的事,无奈这事现在是隐藏的,叫你的眼看不出来。因为日子将到,你的仇敌必筑起土垒,周围环绕你,四面困住你。并要扫灭你和你里头的儿女,连一块石头也不留在石头上,因你不知道眷顾你的时候。"

我们也留不住。祂表达的也是，家国之爱。

我们且划个范围。这里，无需长篇大论国际伦理。这种爱一旦走火入魔，当然导致邪恶举动。可另一些人，更老到，或许会说国际之间的一切举措，都邪恶。我们只是在考量这一情操本身，寄希望于能区分天真无邪之爱国与走火入魔之爱国。这两者，都不是国家行为的动力因（the efficient cause）。① 因为严格说来，从事国际活动的，是统治者，而不是国家。国民中间走火入魔的爱国主义——我只是写给国民——会使得统治者的邪恶举措，更容易；健康的爱国主义，或许会使之更难。邪恶的统治者，会藉宣传鼓动我们的爱国之情走火入魔，以期我们对他们之邪恶保持默许。假如统治者良善，他们会鼓励天真无邪之爱国。对自己这份家国之爱，我们这些小民，之所以应时刻警惕它是否健康，这就是原因之一。我所要写的，也就是这个。

---

① 亚里士多德认为，任何事物的产生和存在，都不过出于四个原因，此即著名的"四因说"："例如一幢房屋，其动力因为建筑术或建筑师，其极因是房屋所实现的作用，其物因是土与石，其本因是房屋的定义。"（《形而上学》996b，吴寿彭译，商务印书馆，1959）吴先生译本中的动因、极因、物因、本因，汉语学界如今多译为：动力因、目的因、质料因和形式因。

爱国主义何其暧昧含混，可由这一事实略见一斑：表达爱国之情，其酣畅淋漓，还没有哪两个作家，能出吉卜林和切斯特顿之右。① 假如它是纯净物，那么，这样的两个人不可能同时讴歌。究其实，它包含多种成分，就可能形成众多不同的混合物。

【§32—34. 爱国之成分一：乡土之爱】

首先，其中有对家、对成长之地、对曾经为家的地方（或许还不少）的爱；还有对一切相近地域及相似地域的爱；还有对老相识、熟悉景致、声响和气息的爱。注意，就我们而言，这种爱扩而充之，诣其极，则是对英格兰、威尔士、苏格

---

① 吉卜林（Joseph Rudyard Kipling, 1865—1936），英国小说家，诗人，以颂扬英帝国主义、创作描述驻扎在印度的英国士兵的故事和诗、撰写儿童故事而闻名。切斯特顿（1874—1936），与吉卜林同时代的英国作家，护教学家。在英国人对波尔人作战时，曾挺身为波尔人说话。关于切斯特顿对吉卜林的"爱国主义"的批评，可参见切斯特顿《异教徒》一书第三章"论鲁德亚德·吉卜林与使世界变小"。

切斯特顿对路易斯产生极大影响。在《惊喜之旅》第12章，路易斯谈到，切斯特顿的著作给他带来的灵魂震动：正如阅读麦克唐纳的书一样，在阅读切斯特顿的著作时，我也不知道自己正在自投罗网。一个执意护持无神思想的年轻人，在阅读上再怎么小心，也无法避免自己的思想不受挑战。处处都有陷阱。赫伯特说："一打开圣经，里面充满无数令人惊奇的事物，到处是美妙的网罗和策略。"容我这样说，神真是很不自重。（拙译路易斯《惊喜之旅》第12章第13段，华东师范大学出版社，2018）

兰或北爱尔兰的爱。① 只有外国人和政客，才说"不列颠"。吉卜林的"我不爱我国之敌人"一语，真是跑调跑得邪乎。还"我"国呢！伴随地域之爱而来的，则是对生活方式的爱；对啤酒、茶饮、篝火、带隔间的列车，不带武装的警察等等之类的爱；对方言的爱，以及（模模糊糊的）对母语的爱。恰如切斯特顿所说，一个人不想让自己的祖国受外国人统治，其理由与不想让自家房屋被烧毁，旗鼓相当；因为，他"甚至来不及"去数，他会遗失的一切东西。

---

① 美籍华裔人本主义心理学家段义孚（Yi-Fu Tuan）指出，人人都有一种 topophilia（中译"恋地情结"）。Topophilia 系段义孚自铸新词，其同义词就是 the love of a place（对一个地方的爱）："恋地情结（topophilia）就是人与地域或环境之间的感情纽带（Topophilia is the affective bond between people and place or setting）。作为概念，固然含混，但作为个人体验，则生动而具体。"（Yi-Fu Tuan, *Topophilia*: *a Study of Evironmental Perception*, *Attitude*, *and Value*, Englewood Cliffs: Prentice-Hall Inc., p. 4）换句话说，段氏生造 topophilia 一词，就是欲以概念之含混，来表述人心中本有的"在可言不可言之间"、"在可解不可解之会"的生动而具体的微妙情愫：

"恋地情结"是一个新词，之所以有用，是因为它可以囊括人与物质环境之间的所有情感纽带。这些情感纽带在强度细微程度和表达方式上，都差异甚大。对环境的首要反应也许是审美的（aesthetic）；接着，它或许就是从眼前风景中所得到的转瞬即逝的快感（the fleeting pleasure），或许是同样转瞬即逝却又强烈得多的不期而遇的美感（sense of beauty），不一而足。这种反应或许可言可解（tactile），令人愉快的就是空气、水流、土地。不过，更经久不散却又难于表达的感情，则是一个人对某地的感情，因为这里是家乡，是记忆之所在，是生计之所系。（同前，p. 93.）

想找到一个合法视点,以谴责这种感情,是难上加难。恰如家庭,是我们超越自爱(self-love)之第一步;这种爱,则是我们超越一家之私(family selfishness)的第一步。当然,它还不是纯粹的仁爱(pure charity);它牵涉到的是,爱我们本土之邻人(our neighbours in the local),而不是主所说的爱我们的邻人(our Neighbour)。① 虽如此,可是,一个人要是连打过照面的乡里乡亲都不爱,又如何走那么大老远,去爱素未谋面的"人"(Man)。② 包括这种爱在内的一切自然

---

① 《马太福音》七章12节:"你们愿意人怎样对待你们,你们也要怎样待人。"廿二章37—40节:"你要尽心、尽性、尽意,爱主你的神。这是诫命中的第一,且是最大的。其次也相仿,就是要爱人如己。这两条诫命是律法和先知一切道理的总纲。"《利未记》十九章18节:"不可报仇,也不可埋怨你本国的子民,却要爱人如己。"十九章33—34节:"若有外人在你们国中和你同居,就不可欺负他。和你们同居的外人,你们要看他如本地人一样,并要爱他如己,因为你们在埃及地也作过寄居的。"

② 原文中的"人",是大写加引号的 Man。汪咏梅以为是指耶稣基督。窃以为则是指"抽象的大写的人"。路易斯《魔鬼家书》第6章说,魔鬼引诱人的一大策略就是,让他爱人类,恨亲近的人:"最好把这些怨恨引到他周围离他最近的人那里去,让他把怨恨发泄到那些他天天都会碰面的人身上,却把爱心投射到遥不可及的圈子里去,对他素未谋面的人充满爱心。由此,这怨恨开始变得全然真实起来,而其爱心则很大程度上只存在于想象之中。"(况志琼、李安琴译,华东师范大学出版社,2010,第26页)这种引诱策略,似乎在陀思妥耶夫斯基笔下的一位医生身上,得到了证明:"他说,我爱人类,但自己觉得奇怪的是我对整个人类爱得越深,却对个别的人,也就是一个个单独的人,爱得越少。他说,我往往在头脑中幻想着要热情地为人类服务,为了他们也许真的愿意走上十(转下页注)

情感,都会成为属灵之爱(spiritual love)的敌手。可是,它们也能成为属灵之爱的初级模仿,成为(比方说)属灵肌肉之训练,恩典(Grace)日后或许会为这肌肉派上大用场。① 恰如女人小时候照料洋娃娃,日后照料孩子。或许会有那么些个场合,要弃绝这种爱;剜出你右眼的时候来了。② 不过,你一开始得有眼睛才行:一只眼睛都没有的受造——充其量只有个"感光"点的受造——要思索那段严厉经文,那可要费大事了。

(接上页注)字架,假如突然需要这样做的话。但是经验证明,我无法跟任何人在一个房间里住上两天。只要看到别人接近我,那么他的个性就会压抑我的自尊,束缚我的自由。不出一昼夜,即使最好的人我也会恨得要命:恨这个吃饭很慢,恨那个伤风了不停地擤鼻涕。他说,只要别人稍稍招惹我一下,我就会成为他们的仇敌。然而事情往往会是这样:我对个别的人恨得越深,我对整个人类的爱就越炽烈。"(《卡拉马佐夫兄弟》,徐振亚、冯增义译,浙江文艺出版社,1996,第65页)

① 史蒂芬·B.斯密什《耶鲁大学公开课:政治哲学》第12章:"事实在于,我们恰恰是通过关心身边最亲近的人,才学会了关心他人。世界主义的国际主义有一个缺点,就是将人们从各自的传统和当地的习俗中连根拔起,而它们都是多数人认为值得尊崇的事物。"(贺晴川译,北京联合出版公司,2015,第290页)

② 《马太福音》五章27—30节:你们听见有话说,"不可奸淫"。只是我告诉你们:凡看见妇女就动淫念的,这人心里已经与她犯奸淫了。若是你的右眼叫你跌倒,就剜出来丢掉,宁可失去百体中的一体,不叫全身丢在地狱里;若是右手叫你跌倒,就砍下来丢掉,宁可失去百体中的一体,不叫全身下入地狱。

当然,这种爱国主义,一点侵略性都没有。它只求不受打扰。只有当它捍卫所爱对象时,才会变得好战。只要心中有一丁点想象力,这种爱国主义在心中生发出的,就是对外国人的友善态度。我如何能够爱自己家乡,却又认识不到,别人也爱他们家乡毫不理亏呢?一旦你认识到,法国人喜欢咖啡甜点,一如我们喜欢咸肉炒蛋——那么,何不祝福他们,让他们自得其乐。我们最不愿意让到处都跟家乡一样。除非它与别处不同,否则,不成其为家。①

【§35—37. 爱国之成分二:历史敬意】

第二个成分是对祖国历史的特殊态度。我指的是那活在大众想象之中的历史;指先祖的丰功伟绩。记住马拉松。记住滑铁卢。②"我们操着莎士比亚的语言:不自由

---

① 康拉德·洛伦茨《人性的退化》第10章:"控制着当今世界的技术至上体系准备抹平所有文化的差异性。地球上所有民族,所谓欠发达民族例外,都在用同样的技术生产同样的产品,用同样的拖拉机耕种单一种植的耕地,以及用同样的武器克敌制胜。尤其他们在同一个世界市场上竞争并竭尽所能借相同的宣传手段超过彼此。"(寇瑛译,中信出版社,2013,第157页)

② 钱穆《国史大纲》开篇申述"凡读本书请先具下列信念":

一、当信任何一国之国民,尤其是自称知识在水平线以上之国民,对其本国已往历史,应该略有所知。(否则最多只算一有知识的人,不能算一有知识的国民。)

(转下页注)

毋宁死。"①我们感到这一历史,既给我们加了一份责任,又为我们提供了一份保障。我们切莫低于父辈为我等树立的标杆,又因为我们是他们的儿女,我们大有希望不会如此。

这一感情,跟纯粹的家园之爱相比,信誉就没那么好了。每个国家的真实历史,都充满了不堪甚至可耻的事体。关于它,若以英雄故事为典型,就会给人以错误印象。而且,英雄故事本身,往往经不起严肃的历史考证。因而,基

(接上页注)
二、所谓对其本国已往历史略有所知者,尤必附随一种对其本国已往历史之温情与敬意。(否则只算知道了一些外国史,不得云对本国史有知识。)

三、所谓对其本国已往历史有一种温情与敬意者,至少不会对其本国历史抱一种偏激的虚无主义,(即视本国已往历史为无一点有价值,亦无一处足以使彼满意。)亦至少不会感到现在我们是站在已往历史最高之顶点,(此乃一种浅薄狂妄的进化观。)而将我们当身种种罪恶与弱点,一切诿卸于古人。(此乃一种似是而非之文化自谴。)

四、当信每一国家必待其国民具备上列诸条件者比数渐多,其国家乃再有向前发展之希望。(否则其所改进,等于一个被征服国或次殖民地之改进,对其国家自身不发生关系。换言之,此种改进,无异是一种变相的文化征服,乃其文化自身之萎缩与消灭,并非其文化自身之转变与发皇。)

① 原文是"We must be free or die who speak the tongue that Shakespeare spoke."语出华兹华斯的短诗"It Is Not to Be Thought of That the Flood"。

于我们的辉煌历史的爱国主义,就成了拆穿家们的合法猎物(fair game)。随着知识增益,它或许会突然崩塌,转变为幻灭之后的愤世嫉俗;或许还能维持,但要睁一只眼闭一只眼。可是,在很多重要时刻,很多人因它之助,明显表现得出色了很多。对于这种爱国主义,谁又能谴责呢?

我想,受历史形象(the image of the past)之砥砺,却又不上当受骗或自我膨胀,还是有其可能。这一形象,在多大程度上被误认为或拿来替代严肃而又系统的历史研究,就有多危险。这些历史故事,作为故事而被传诵被接受,再好不过。虽然,我的意思并不是,它们只应作为纯虚构(其中有些毕竟还是真的)而被传诵。可是,重点应当放在传说本身(the tale as such)上面,放在点燃想象的画面上面,放在砥砺志意之榜样上面。听到这些故事的学童,应会模模糊糊感到——他当然还不能付诸言辞——他在听"英雄传说"(*saga*)。就让他因"英伦著名战役纪略"①——最好是在

---

① 英文原文为:"Deeds that won the Empire"。澳大利亚记者William Henry Fitchett(1841—1928)有书名曰 *Deeds That Won The Empire: Historic Battle Scenes*(1898),汉语界一般译为《英伦著名战役纪略》。为凸出此典,拙译直接借用书名。

"课外"——而激动颤栗吧;只不过,我们越少将之混同于他的"历史课",或越少将之误认为是对帝国政策的认真分析,更不误认为是对帝国政策的正当性证明,就越好。孩提之时,我有一本书,名曰《岛国故事》①,满是彩色插图。我一直认为,这书名很是恰当。此书,一点也不像教科书。在我看来,一本正经地给年青人灌输明知错误或有失偏颇的历史——英雄故事伪装成教科书之事实,死气沉沉——有似毒药。它所滋养的那种爱国主义,一旦能持久便是有害的,尽管它在受教育的成年人心中难以为继。随之潜入的,是个心照不宣的假定,即别的国度并无同样的英雄人物;甚至可能还有个信念,即我们能名副其实地"承继"(literally "inherit")一个传统——这的确是个糟糕透顶的生物学。②几乎不可避免,这就将我们领向有时亦唤作爱国主义的第三样东西。

---

① 此书全名为《岛国故事:儿童英国史》(*Our Island Story: A Child's History of England*),作者 Henrietta Elizabeth Marshall。据译言网介绍:"英国首相卡梅伦儿时最爱的历史书!《岛国故事》为孩子讲述了从罗马时代直至维多利亚女王的英国历史。在这本书中,神秘有趣的传说与史实相互交织,让读者轻松愉快地了解英国历史。此书极为畅销,多次再版,深受儿童的喜爱。"
② 这里,路易斯在谈 inherit 一词之本义"遗传"。

【§38. 爱国之成分三:民族自恋】

这第三样东西,不是一种情操,而是个信念(belief)。坚信,甚至不动声色地相信,我们自己国家长期以来就明显优于而且仍旧明显优于别的一切国家,这是明摆着的事实。有一次,我斗胆对一位宣扬这种爱国主义的老牧师说:"可是先生,我们难道没听说,各国人都认为本国男人是世上最勇敢的,本国女人是世上最漂亮的么?"他十分庄重——即便在祭坛上诵读信经,也没这么庄重——回答说:"没错。但是在英国,这是实话。"当然,这一信念没使我的朋友(愿上帝使他灵魂安息)成为恶棍,只是成了一个极端可爱的老倔驴。然而,它也能养出又踢又咬的驴子。在疯狂边缘,它或许会蜕变成,基督教和科学都加以禁绝的那种流布甚广的种族主义(popular Racialism)。

【§39. 爱国之成分四:种族优越】

这就引出了爱国主义的第四种成分。假如我们国家确实很是优于别的国家,那么就有人认为,它身为高一等的存在,对它们要么有些许义务要么有些许权利。19世纪,英国就有很强烈的这类义务感:"白人的负担。"①我们所谓的"土著",是我们的监护对象;而我们,则是自封的监护人。这并非全是伪善。我们确实给他们做过些好事。可是,我们说起话来,仿佛英国建立帝国(或年青人在印度行政部门谋个职位)主要出于利他动机,这习惯令世界作呕。这表现出来的,还算是最佳状态的那种优越感。一些有优越感的国家,强调的不是义务,而是权利。对它们而言,某些外国人是如此低劣,它们有权利灭绝他们。另一些外国人,则只适合替受拣选的民族砍柴挑水,就最好留着他们继续砍柴挑水。狗儿们,认清你的主人!虽然我远非暗示,这两种态度在同一层次。但二者都是致命的。二者都要求,它们的活动领域,应"越来越大"。二者均有这样一个确凿无疑的邪恶印记:只有藉变得可怕,才能避免变得滑稽。要是没跟美国土

---

① 吉卜林写过一首诗,名曰《白人的负担》(The White Man's Burden)。全诗七节,第一节诗文如下:"肩负起白人的重担——/派出你们最优秀的后代——/捆绑起你们的子孙,流放/去服侍你手下俘虏的需要;/在沉重的马具中等待,/那些急躁而野蛮的,/刚被你抓住的阴沉的人,/他们半是恶魔,半是孩童。"(企鹅君译,见"豆瓣"网:http://www.douban.com/note/496431396/?type=like)据张光勇先生写给《全球通史》的中译导言《走向全球史》,"白人的负担"这个观点,在欧美史学界曾极为流行。(见斯塔夫里阿诺斯《全球通史》,上海社会科学院出版社,1999,第39页)

著毁约,要是没灭绝塔斯马尼亚人,①没有毒气室,没有贝尔森集中营,②没有阿姆利则惨案,③没有对黑人或棕色人种之歧视,没有种族隔离,那么,二者之自大,就是令人捧腹之闹剧。

【§40. 因祖国伟大而爱,爱国会否定自身】

最后,我们来到了这样一个阶段,其中走火入魔的爱国主义,无意间否定了自身。切斯特顿,曾挑出吉卜林的两句诗,引为范例。这对吉卜林不太公平——要让他这样一个无家可归之人,懂得爱家(the love of home)的涵义,着实是强人所难。不过,这两句诗,断章取义,倒不失为此自我否定之总结。这两句是:

> 如果英国过去就是现在这样

---

① 塔斯马尼亚人(Tasmanians),澳大利亚东南部塔斯马尼亚岛的土著居民,现已灭绝。
② 贝尔森(Belsen),德国北部一村庄,位于汉诺威市以北。"二战"期间,为纳粹集中营所在地。
③ 阿姆利则(Amritsar),印度西北部旁遮普邦阿姆利则县县城。1919年4月13日,英殖民政府军向举行政治集会的群众开火,有397人被杀,史称"阿姆利则血案"。该暴力事件,是甘地1920—1922年发动全国的非暴力不合作运动并使印度最终走向独立的直接诱因之一。

我们会迅速弃之如敝屣。幸好她不是①

爱,绝不会这样说话。这就像是,你爱孩子,只有"当他们是好孩子";你爱妻子,只要她风韵不减;你爱丈夫,只要他出了名,是个成功男。"人爱其城邦,"有位希腊人说过,"不是因其伟大,而是因那就是他的城邦。"②一个真正爱自己祖国的人,即便她败落朽坏,也爱她——"英国!尽管缺陷多,我仍旧爱你。"③她之于他,"虽然可怜兮兮,但却是我自己的。"他或许认为她良善而又伟大,实则她不是,那是因

---

① 原文为:"If England was what England seems/'Ow quick we'd drop 'er. But she ain't!"语出吉卜林的诗歌 The Return。切斯特顿《异教徒》第三章曾引用该句诗,说吉卜林并不爱国:"吉卜林思想中有一个巨大的空白,我们大概可以称之为爱国主义的缺乏……他赞赏英国,但不爱英国,因为,我们赞赏是有理由的,爱却没有理由。他赞赏英国是因为它强大,而不是因为她是英国。"(汪咏梅译,三联书店,2011,第25页)

② 原文是:"No man loves his city because it is great, but because it is his."这是广为人知的名言,坊间均说出自古罗马政治家哲学家塞涅卡(Seneca,亦译塞内加)。切斯特顿《回到正统》第五章,亦有大意相同的话:"人先向一个地方致敬,其后就引以为荣。古时的人不是因为罗马伟大而爱它。罗马伟大是因为古时的人爱它。"(庄柔玉译,三联书店,2011,第70页)

③ 原文是:"England, with all thy faults, I love thee still."语出拜伦的长诗《贝波:威尼斯故事》第47节第1行。见查良铮译《拜伦诗选》(上海译文出版社,1982)第324页。

为他爱她;这一错觉,尚可原谅。① 而吉卜林笔下的兵士,反是;他爱她,因为他认为她良善而又伟大——因她的优点而爱她。她就像个蒸蒸日上的企业(a fine going concern),身在其中,满足了他的自豪感。一旦她不再如此,会怎样?答案明明白白:"我们会迅速弃之如敝屣。"船开始下沉,他就离开船。于是乎,那种大张旗鼓启程的爱国主义,实际上,踏上的是会通往维希的路途。② 这种现象,我们会一再遇到。当天性之爱(the natural loves)变得无法无天,它们不止损害其他的爱;它们自身也不再是原来的爱——根本就不是爱了。③

---

① 切斯特顿《回到正统》第五章:"那个最可能摧毁所爱之地的,正是带着理由去爱的人;而真正会改善所爱之地的,正是没带理由去爱的人。一个人若然爱上皮米里科某个特色(这似乎不大可能),就会发现自己捍卫的是这个特色,甚至冲着皮米里科也在所不惜。相反地,他若然单单爱皮米里科,就会任其荒芜,然后把它建造成新耶路撒冷。"(庄柔玉译,三联书店,2011,第72页)

② 维希(Vichy),二战时法国的傀儡政府。

③ 皮蒂里姆·A. 索罗金《爱之道为爱之力》第23章:几乎任何一个普遍利他主义者都必定要成为一个"颠覆的敌人",从而受到"爱国的"部族利他主义者的迫害……一种排外的部族团结,也就是部族爱国主义、部族忠诚、部族利他主义,残酷地让一个人反对另一个人,一个团体反对另一团体。比起传染病、飓风、暴风雨、洪水、地震和火山喷发所造成的损失,这种部族利他主义导致更多人死亡,更多城市和村庄受到破坏。它比其他灾难带给人类的痛苦更多。部族团结一直是人类部族利己主义和道德蠢行的最大祸根和最残忍的复仇者。(陈雪飞译,上海三联书店,2011,第516—517页)

【§41—42. 切莫全面否弃爱国情操】

这样说来,爱国主义就有多副面孔。全盘否弃爱国主义的那些人,仿佛并未考虑到,定会有什么钻其空缺——而且已经钻其空缺。在很长时间内,或许永永远远,国家会面临危险。统治者必定设法鼓动国民,来保卫国家,或至少做好保卫准备。爱国情操遭毁之地,这一鼓动,只能靠将一切国际冲突表述为十足的道义冲突。假如民众不会为"他们的祖国"流汗流血,那么,就必须让他们感到,流汗流血,是为了正义,为了文明,或为了全人类。这是倒退,不是进步。当然,爱国情操无需漠视伦理。需要说服好人们,他们的事业是正义的;可是,那仍旧是其祖国的事业,而不是正义事业本身(the cause of justice as such)。依我看,其间有重要不同。我蛮可以认为,用武力保护我家宅院,对付强贼,是正义的,用不着自以为义或伪善;可要是我一开始就装模作样,说我揍得他鼻青脸肿,纯粹是基于道德——全然无视该宅院就是我家的这个事实——我就变得让人受不了。① 主张假如

---

① 斯蒂芬·平克(Steven Pinker)在《人性中的善良天使》里指出,乌托邦思想总是将人类引向大屠杀。这一现象出于两个原因:

第一,乌托邦给出的是一个恶性功利计算。"在乌托邦(转下页注)

英格兰的事业是正义的,我们就站在英格兰一边——就像某些中立的堂吉诃德那样——理由就这一个,同样是虚伪。胡说八道会招引魔鬼。假如我们祖国的事业是上帝的事业,战争必定就成了歼灭战。这样,就赋予极世俗之事物,以虚假的超越性(a false transcendence)。①

这一古老情操之荣耀在于,它能令血肉之躯如钢铁一

(接上页注)中,每个人都是永远幸福的,所以其道德价值无限外推。"(安雯译,中信出版社,2015,第386页)谁阻碍这样一个美好世界的实现,谁就是应该被铲除的恶人。

第二,"乌托邦都有一个明确的操作蓝图。在乌托邦世界,每一件事情都有它存在的理由。"(同上)那些对乌托邦而言无意义无价值的事和人,应当在一开始就从蓝图中予以剔除。怀有乌托邦理想的领导者,在开动构建理想国度的列车后,会将一切阻碍碾为齑粉,亦即进行极端的大屠杀。

① 日本哲学家今道友信指出,人类历史想要消除战争,任重道远,并不那么容易。这是因为,战争虽然有经济或政治方面的原因,但绝不限于此。假如战争仅仅出于这方面的原因,那么,"就有可能依靠经济调停和政策妥协而消除紧张关系,就可以避免整个世界卷入战争的悲剧"。然而,战争之因不限于此,战争背后最大的推手是种族中心主义:"如果各个国家把纠缠该国家的传统和思想视为绝对,几个民族在意识形态上确信自己的优越的话,那么,就连本来不过是物欲上的争执,也会转化为以人类最为珍视的精神性的生命为赌注的争斗。这就是二次世界大战的悲剧。"(今道友信:《东西方哲学美学比较》,李心峰 等译,中国人民大学出版社,1991,第7页)无论哪种民族文化,都会视杀人为恶。然而,种族优越感却给了杀人者杀人的道德勇气,使得种族仇杀有了神圣光环。当此之时,即便杀人者深知自己难免被杀,但种族中心论往往会赠给他殉道者的声名。当此之时,战争就不仅仅是物欲争执了,而成了舍生取义的圣战了。

般,但它仍旧清楚,自己是种情操(sentiment)。① 英勇奋战,却无需伪称圣战。英雄之死与殉道,不容相混。而且(可喜的是),同一种情操,在保卫战中如此庄重严肃,在和平时期,则像一切欢乐的爱一样轻松活泼。它会自嘲。我们旧有的爱国歌曲唱起来,无法不眼前一亮;后来的爱国歌曲,唱起来更像圣诗。我宁愿每天听《掷弹兵进行曲》(哦为啦啦啦啦),②而不愿听《希望与光荣的国度》。③

【§43—44. 爱教会与爱动物】

大家会注意到,我所描述的这种爱及其一切成分,其对象不限于祖国,还可以是别的事物:对学校、军团、家族或阶级的爱。同样的批评,仍都适用。大家也能感到,其对象还

---

① 拙译路易斯《人之废》:"舍却陶冶之情感,理智对兽性机体无能为力。……战场上,敌人整整炮轰了两个小时,并非三段论使得很不情愿的神经和肌肉,第三个小时仍然坚守职责。"(华东师范大学出版社,2015,第32—33页)

② 《掷弹兵进行曲》(The British Grenadiers),英国最著名、历史最悠久的步兵行军曲。其历史可以追溯到17世纪,作者不明。演奏乐器为苏格兰风笛和军鼓。路易斯在曲名后面括号里加上的 *with a tow-row-row-row*,本是《掷弹兵进行曲》的一句歌词,在曲中反复出现,模仿的是行军时军鼓的节拍。此句歌词,坊间汉译有两个版本。一为韵文:"唯我一排又一排,大不列颠掷弹兵。"一为散体:"随着拖车,行、行、行、行、行,英国掷弹兵";"哦为啦啦啦啦英国掷弹兵歌唱吧"。

③ 【梁译本注】《希望与光荣的国度》是一首较严肃和有帝国主义倾向的爱国歌曲。

有那些不只索要自然情感(a natural affection)的团体:爱教会,(呜呼)爱某教派,或爱某修会。这个棘手话题,得写一本书才行。在此,说一点就够了。那就是,"属天社会"(the Heavenly Society)也是个"属地社会"(an earthly society)。① 我们(天生本有的)针对后者的爱国主义,很容易假借前者的超凡声称(the transcendent claim),用以为其最令人发指之行径辩护。这本我并不打算去写的书,倘若还真写出来了,其中必定满是基督教界之忏悔,忏悔基督教界在人类之凶残及狡诈中的独有份额。② 除非我们跟自己的绝大部分过去公开划清界限,否则,"这个世界"的大部分地区对我们将充耳不闻。他们为何要听呢？我们高喊基督之名,却向摩洛神献祭。③

有人或许认为,我不应只字不提对动物的爱,就结束本

---

① 西蒙娜·薇依认信基督,其虔敬,在20世纪思想界堪称典范。但却迟迟不肯受洗。她自陈,障碍就在于教会是社会事物:"我担心的是,教会是作为社会事物而存在的。这不仅因为教会自身的污浊,还由于教会除了其它特征之外,它是社会事物(something social)。"(薇依《在期待之中》,杜小真、顾嘉琛译,三联书店,1994,第10页)

② 其实,路易斯的《返璞归真》一书,已经部分地处理了这一问题。

③ 摩洛神(Moloch),古代腓尼基人信奉的神灵,信徒焚化儿童向其献祭。

章。不过,这话在下一章说会更合适。无论动物到底是否低于人类(sub-personal),人之爱动物,从未如动物之本然。动物仿佛总有个"人格"(personality),无论此"人格"是事实还是错觉。因而对动物的爱,其实是亲爱(Affection)的一个特例,这正是下章之话题。

3　亲爱[①]

Affection

【§1—3. 亲爱所蕴含的悖论】

先从最谦卑、最平常的爱说起吧。关于这种爱,我们的经验与禽兽的经验,似乎差别最小。且容我立即加上一句:这样说,可不是贬低它的价值。人身上还没有什么东西,因与禽兽共有,就更好或更糟。骂某人"简直就是禽兽",我们不是说,他表现出禽兽特征(我们所有人都这样),而是说,

---

[①] 本章标题 Affection 一词,译为"亲爱",借鉴的是台湾梁永安先生之译法。因为在本书之中,affection 本指亲情,指"依恋、亲爱之情"。汪咏梅译为"情爱",易与 eros 相混;王鹏译为"慈爱",易于 charity 相混。故不取。诸译名之中,以梁永安译"亲爱"为最佳,拙译从之。

他在本应表现人类特征的场合,却表现出禽兽特征,而且只有禽兽特征。(称他"畜生",我们的意思通常是,他之凶残,绝大多数真正的畜生都难望项背;它们没他聪明。)①

这种爱,希腊人称之为 storge(两音节,g 为"硬音"),我这里索性称之为 Affection 吧。我手头的《希腊语词典》将 storge 界定为,"爱怜,尤见于父母之于子女";而且也包括子女对父母之爱怜。我确信,这就是亲爱之情的原型,也是该词的核心要义。我们首先想到的画面,必定是母亲给宝宝喂奶,狗妈妈或猫妈妈带着一窝小狗或小猫;那窝幼崽,吱吱呜呜,挤作一团;猫打呼噜,狗舔舌头,婴儿牙牙学语,吮吸着奶,暖暖融融,一派新生命的气息。

这幅画面的重要性在于,一开始,它就给了我们一个悖论。后代的需求及其需求之爱,显而易见;母亲的赠予之爱,亦然。母亲生育,哺养,提供保护。可话说回来,她必须生下来,否则就会死;必须哺乳,否则就难受。这样说来,她的亲爱,也是一种需求之爱。这就是悖论所在。它是需求之爱,但需求的却是去赠予;它是赠予之爱,可是它却需被

---

① 数年前突然觉得,我们骂某些人禽兽不如,其实是侮辱了禽兽。

需求(need to be needed)。这一点,我们还不得不稍后再谈。

【§4—5. 亲爱最不挑剔】

不过,即便在禽兽的生命中,更不用说在我们了,亲爱远远超出母子关系。这种温暖惬意、这种处在一起的心满意足,对其一切对象,都一视同仁。它的确是最不挑剔的爱(the least discriminating love)。总有女人,追求者凤毛麟角;总有男人,朋友几近于无。他们乏善可陈。可是几乎任何人都能成为亲爱之对象;丑陋者愚钝者如此,老惹人生气的也如此。由亲爱系在一起的人之间,无需明显的般配(fitness)。我曾亲眼看到,有个低能儿得到的亲爱,不仅来自父母,而且还有兄弟的。亲爱无视年龄、性别、阶级及教育背景之藩篱。它可以存在于聪明灵秀的大学生和一位年迈苍苍的乳母中间,尽管他们心怀不同的世界。它甚至无视物种藩篱。我们看到,它不仅存在于人犬之间,而且出乎意料,还存在于狗猫之间。吉尔伯特·怀特①称,还在一匹马和一只母鸡中间,发现了亲爱。

---

① 吉尔伯特·怀特(Gilbert White,1720—1793),英国博物学家。

有些小说家,对此心领神会。《项狄传》中①,"我父亲"与脱庇叔叔之情感纽带,根本不是什么趣味相投或引为知音。他们话不投机,说不了十分钟。可是小说写得,让我们领会到他们之间的深情厚意。堂吉诃德与桑丘,②匹克威克与山姆·维勒,③迪克·斯维勒与侯爵夫人,④也是如此。还有《柳林风声》,尽管作者可能无意于此,其中鼹鼠、河鼠、獾和蟾蜍之搭档,也就约略暗示出,由亲爱维系之各方,其异质性,会何等地匪夷所思。⑤

【§6—7. 亲爱质朴无华】

但亲爱有它自个的标准。其对象必须熟悉(be familiar)。我们差不多能指得出来,何日何时坠入爱河,何日何

---

① 《项狄传》(Tristram Shandy),英国作家斯特恩(Laurence Sterne, 1713—1768)的小说。其中的"我",指项狄。该书只有蒲隆先生的中译本。

② 塞万提斯小说《堂吉诃德》之人物,桑丘乃堂吉诃德之随从。

③ 狄更斯小说《匹克威克外传》(The Pickwick Papers,1837)之人物。山姆·维勒(Sam Weller)是主人公匹克威克的仆人。

④ 迪克·斯维勒(Dick Swiveller)与"侯爵夫人"(the Marchioness),狄更斯小说《老古玩店》(The Old Curiosity Shop,1841)之人物。"侯爵夫人"乃迪克·斯维勒之女仆。

⑤ 《柳林风声》(The Wind in the Willows),英国著名儿童文学作家格雷厄姆(Kenneth Grahame,1859—1932)的儿童文学作品,描写了鼹鼠、河鼠、獾和蟾蜍四个朋友的冒险经历。安徽人民出版社 2013 年出版中译本,译者杨静远。

时建立友谊。至于我们是否记得亲爱始于何时,我则保持怀疑。意识到亲爱,也即意识到它由来已久。用"老"字来形容亲爱,可谓意味深长。狗会咬陌生人,尽管他们从没伤害过它;会冲熟人摇尾巴,即便他们也没给它什么好处。小孩子会爱脾气暴躁的老园丁,虽然老园丁差不多对他不理不睬;却会在访客面前缩头缩脑,尽管访客百般讨好。但必须是个"老"园丁,"一直"在那儿的园丁——就是童年时代那个虽短暂却仿佛地久天荒的"一直"。

亲爱,如前所说,是最谦卑的爱(the humblest love)。不事张扬。人们会因"恋爱"或友爱而自豪。亲爱,则最为低调——甚至躲躲闪闪,羞于挂齿。有一次,我说起猫狗之间很是常见的亲爱,朋友答道:"是啊。不过我打赌,没有哪条狗会向别的狗承认此事。"这至少是大多数人间亲爱的一幅绝好漫画。"质朴无华的脸留在家里吧",科马斯(Comus)如斯说。①

---

① 科马斯(Comus),希腊罗马神话中司宴乐的神祇。路易斯引用的这句话,语出弥尔顿的《科马斯》第 749 行。相关诗行是:"美是大自然的骄傲,必须摆出来,/在宫廷中,典礼上,在盛大的舞会,/那么自然的神工,大众就能欣赏。/管家务就只该丑陋的管家婆娘,/她们干这种活儿真是名实相符。/萎黄的丑脸儿只配去缝缝补补,/做针线活,刷刷自己织的羊毛绒。/干这类活计,要什么朱红的嘴唇?/何需朝霞似的金发,含情的秋波?"(弥尔顿《科马斯》,杨熙龄译,新文艺出版社,1958,第 38 页)

亲爱那张脸,恰好质朴无华。我们感到亲爱的那些个人,大多也质朴无华。爱他们,不证明我们品味高雅或独具慧眼;他们之爱我们,亦然。我所谓的欣赏之爱,不是亲爱之要素。对那些与我们只有亲情纽带的人,要使我们称赞他们,通常得有个生离或死别。我们视他们为理所当然;这一理所当然,在情爱中无异于暴行,在这里却恰如其分。它切合亲情的惬意、平静之本性。要是屡屡高声表白,亲爱就失其为亲爱了;将亲爱公之于众,就像要搬家,将家俱摆出来一样。家俱摆在家里,很像回事;摆在阳光下,则显得寒碜、俗丽或怪模怪样。① 亲爱,可以说是潜渗到我们的生活之中。它跟平凡、不事装点的私人物品,一衣带水:软拖鞋,旧衣服,老笑话,在厨房熟睡的狗狗尾巴敲击地板的声音,缝纫机的嗒嗒声,落在草坪上的怪相木偶。

【§8—9. 亲爱与别的爱水乳交融】

不过,我必须马上做个厘清。我所谈论的亲爱,是当其与别的类型的爱泾渭分明之时的亲爱。亲爱常常与别的爱,泾渭分明;亦常常与之水乳交融。恰如杜松子酒,不仅

---

① 近年,当众为母亲洗脚一事,引发热议。相信路易斯此论,有助于我们看待此事。

本身是酒,而且也是多种混调酒之底料。亲爱亦然。除了本身是一种爱,也可以进入别的爱,濡染它们,一天又一天,充当它们的培养基(medium)。没有它,它们或许不大持久。交个朋友,与变得亲密无间,不是一回事。不过,当朋友成了故交,他的原本与友爱无关的一切事体,都变得熟悉,并因熟悉而亲切。至于情爱,仓促体验,不穿亲爱这件家纺衣衫——我实在想不出比这更令人反感(disagreeable)的了。这境况,最最令人不自在(uneasy):要么太天使,要么太禽兽,要么两者交替。人类情爱,从未这么伟大,也从未如此渺小。在友爱和情爱之中,总有这么些个当儿,欣赏之爱可以说躺了下来,蜷身睡去,自在而又平常的关系(自由有如独处,却又不形单影只)挟裹了我们,那时总是别有况味。① 无须言语。无须颠鸾倒凤。也许除了拨拨炉火,什么都不需要做。

这三种爱的混合与交织,由这一事实替我们完好保存下来——在大多数时间和地域,三种爱共有的表达方式,就

---

① 这种"自在而又平常的关系",蛮可以形容为"话少不闷,话多不烦"。至于路易斯所言的"别有况味",可能正是"晚来天欲雪,能饮一杯无"的魅力所在。

是吻。在现代英国,吻不再用于表达友爱,但亲爱和情爱还用。吻,既全然属于亲爱,又全然属于情爱,以至于如今说不好到底是谁借鉴谁的,抑或说并无借鉴一事。当然你可以说,亲爱之吻不同于情爱之吻。没错;但是,相爱之人的吻,可并不都是情人之吻。再者,亲爱和情爱都倾向于用"小众语言"(little language)或"旖旎儿语"——许多现代人为之感到尴尬。这可不是人类所特有。洛伦茨教授曾告诉我们,"寒鸦夫妻之间爱的私语主要就是幼雏般的声音。"(《所罗门王的指环》,158页)。① 其由头,我们与鸟类都一样。温情虽种类各异,但都是温情。最初的温情语言,为我

---

① 洛伦茨(Konrad Lorenz,1903—1989),奥地利著名动物学家,习性学(或称"动物行为学")创始人。因此项开拓贡献,1973年获诺贝尔生理学奖。路易斯之引文,出自《所罗门王的指环》第11章描述寒鸦夫妻生活的段落:"缔结婚约后,这对寒鸦形成了真心实意的共同防御同盟,一方会非常忠诚地支持另一方。……这种军事化的爱情看上去很有趣。这对夫妻会一直非常夸张地自我炫耀,两者不离不弃,之间的距离不会超过1米,就这样度过一生。它们都为对方感到十分骄傲,它们会并排慢慢散步,头部的羽毛都张开着,凸显出它们黑色的光滑冠羽和浅灰色的光亮颈部。看着这两只野鸟之间甜情蜜意的样子,真是让人感动。雄鸟找到的所有美食都会喂给新娘,而新娘会摆出乞求的姿势,并发出幼雏一样的叫声。实际上,寒鸦夫妻之间爱的私语主要就是幼雏般的声音,成年寒鸦只有在亲密的时候才会发出这种声音。这和人类多么相似,奇怪得令人惊叹!人类之间,表达爱意的种种方式显然也带有孩子气——你难道不曾注意到,为了表达爱意,我们创造出的那些昵称几乎都是儿童化的。"(刘志良译,中信出版社,2012,第201—202页)

们所素知,现在被召来服务于新的温情。

【§10—11. 亲爱与神爱之相似】

亲爱最为显著的一个副产品,我们还没提到。前面说过,亲爱主要不是一种欣赏之爱。它不挑剔。它可以跟最为不堪的人"相濡以沫"。奇怪的是,这一事实却意味着,亲爱最终使得一些欣赏成为可能。要不是它,这些欣赏从不会存在。我们或许可以说,而且差不多是实话实说,我们选择朋友和爱人,只因他们各有所长——他们的美、坦率、好心肠、敏锐、才智,诸如此类。不过,那不得不是我们所喜欢的特定种类的美,特定种类的善。在这些事上,我们有自己的个人趣味。朋友或爱人之所以感觉"天造地设",原因就在于此。亲爱的特别可称道之处就在于,它能够让那些极不般配甚至相形见绌之人,结为一体;这些人,若不是发觉自己被命运安排在同一个屋檐下或同一个共同体中,彼此之间不会有任何往来。假如亲爱从中生长出来——当然往往长不出来——这些人的眼睛就开始睁开。对"老某某"与日俱增的亲切,起初只是因为他碰巧在那儿,但很快就会看到,"他身上的确有些东西"。我们第一次掏心窝子,说他尽管不是"我这类人",但他确实是个好人,"他自己那样的"

(in his own way)好人。这个时刻,就是个解放。我们并未感到解放;我们或许只感受到容忍或纵容。但其实,我们跨越了一道界限。"他自己那样的"意味着,我们跨越了自己的癖性,意味着我们学着去欣赏他们自己的良善或才智,而不只是迎合我们自己口味的良善或才智。①

"猫和狗一直应放一起养,"有人说,"这样会开阔它们的心胸。"亲爱也开阔了我们的心胸。一切天性之爱(natural loves)当中,亲爱最为大公,最不挑剔,最为阔大。家人,同学,战友,同工,教友,所有这些你被安排呆在一块的人,

---

① 维柯(G. Vico)在《新科学》(朱光潜译,人民文学出版社,1997)中指出,认识世界时"以己度人"或"自我中心"的习惯,乃人之天性:"由于人类心灵的不确定性,每逢堕在无知的场合,人就把他自己当做权衡一切事物的标准。"(第120则)"人类心灵还另有一个特点:人对辽远的未知的事物,都根据已熟悉的近在手边的事物去进行判断。"(第122则)大意相同的话,也出现在路易斯笔下。如《给孩子们的信》:"一般人都只能以自己的立场看外在世界,也就不能很客观地看待他/她自己。"(余冲译,华东师范大学出版社,2009,第87页)如《返璞归真》:"我们每个人的自然生命都以自我为中心,都希望受到别人的赞扬和仰慕,希望为一己之便,利用其他的生命和整个宇宙,尤其希望能自行其道,远离一切比它更好、更强、更高、使它自惭形秽的东西。自然的生命害怕灵性世界的光和空气,就像从小邋遢的人害怕洗澡一样。从某种意义上说它很对,它知道一旦灵性的生命抓住它,它一切的自我中心和自我意志就会被消灭,所以它负隅顽抗,免遭厄运。"(汪咏梅译,华东师范大学出版社,2007,第175页)跟维柯不同的是,路易斯将"自我中心"视为人最顽固的属灵症候。

从这一视点看,是比朋友圈更大的一个圈子。因为朋友,无论人数如何众多,都是你在外界为自己结交的。我有大量朋友,并不证明,我对人之卓异有博大的欣赏力(a wide appreciation of human excellence)。那你还可以说,我能乐享自己书房里的一切书籍,证明了我文学趣味之博大哩。在这两件事中,回答都是一个——"这些书是你挑选的。这些朋友是你挑选的。当然合你心意了。"同理,对人性的真正博大之趣味(the truly wide taste in humanity)就是,在你不得不每日面对的人性之横断面上,找到某些东西去欣赏。在我的经验中,创造这一趣味(taste)的,正是亲爱。正是亲爱,教我们首先去留意、其次去忍受、其次去欣然面对、再次去乐享、最后去欣赏那些"碰巧在那儿"的人。① 他们是

---

① 张爱玲有小说《爱》,很短,很隽永。全文如下:
这是真的。
有个村庄的小康之家的女孩子,生得美,有许多人来做媒,但都没有说成。那年她不过十五六岁罢,是春天的晚上,她立在后门口,手扶着桃树。她记得她穿的是一件月白的衫子。对门住的年轻人,同她见过面,可是从来没有打过招呼的,他走了过来。离得不远,站定了,轻轻的说了一声:"噢,你也在这里吗?"她没有说什么,他也没有再说什么,站了一会,各自走开了。
就这样就完了。
后来这女人被亲眷拐子,卖到他乡外县去作妾,又几次三(转下页注)

为我们而造?感谢上帝,不是。他们是他们自己,怪异得难以置信,却可贵得难于忖度。

【§12—15. 亲爱之危险一:易成为神】

现在,我们靠近危险点了。亲爱,我说过,从不趾高气扬;仁爱(charity),圣保罗说,不自夸不张狂。① 亲爱,能够爱没啥魅力的人:上帝和祂的圣徒,爱不可爱者。② 亲爱,"不会期许过高",对缺陷睁一只眼闭一只眼,争吵过后轻松和好;仁爱,也恒久忍耐,也恩慈,也凡事包容。亲爱打开了我们双眼,看到了舍却亲爱,我们无法看到或不会加以欣赏

(接上页注)番地被转卖,经过无数的惊险的风波,老了的时候她还记得从前那一回事,常常说起,在那春天的晚上,在后门口的桃树下,那年轻人。

于千万人之中遇见你所要遇见的人,于千万年之中,时间的无涯的荒野里,没有早一步,也没有晚一步,刚巧赶上了,那也没有别的话可说,惟有轻轻地问一声:"噢,你也在这里吗?"(张爱玲《怨女》,北京十月文艺出版社,2012,第85页)

① 《哥林多前书》十三章4—8节:"爱是恒久忍耐,又有恩慈;爱是不嫉妒,爱是不自夸,不张狂,不做害羞的事,不求自己的益处,不轻易发怒,不计算人的恶,不喜欢不义,只喜欢真理;凡事包容,凡事相信,凡事盼望,凡事忍耐;爱是永不止息。"

② 《路加福音》十五章,曾以"迷失的羊"、"失钱"和"浪子"的比喻,来说明神爱。如3—7节:"你们中间谁有一百只羊失去一只,不把这九十九只撇在旷野,去找那失去的羊,直到找着呢? 找着了,就欢欢喜喜地扛在肩上,回到家里,就请朋友邻舍来,对他们说:'我失去的羊已经找着了,你们和我一同欢喜吧。'我告诉你们:一个罪人悔改,在天上也要这样为他欢喜,较比为九十九个不用悔改的义人欢喜更大。"

的良善。谦卑之神圣(humble sanctity),亦然。假如我们一门心思于这些相似之处,或许会导致我们相信,这一亲爱,不仅仅是天性之爱之一,而且就是在我们人类心田耕作并成全律法的神爱(Love Himself)。① 难道维多利亚时代小说家,终究就是对的?难道(这种)爱,其实足矣?② 难道"人伦亲情",当其最佳及最充分之状态,就跟基督徒生命(the Christian life)是一回事了?所有这些问题,我主张,答案定然是个否。

我可不是说,这些小说家有时候写起来,就好像没有听闻过"恨"妻子、母亲以及自己生命的那段经文。③ 这段经文,当然是实话。一切天性之爱与爱上帝(the love of God)之争竞,基督徒未敢旦夕忘记。上帝才是大对手,才是人类嫉妒心的终极对象;那个美,如蛇发女妖般可怕的美,④或许会在任意时刻从我身边偷走——或仿佛是给我偷来——

---

① 《马太福音》五章17节:"莫想我来要废掉律法和先知。我来不是要废掉,乃是要成全。"

② 参见本书第六章开头。

③ 圣经和合本《路加福音》十四章26节:"人到我这里来,若不爱我胜过爱自己的父母、妻子、儿女、弟兄、姐妹和自己的生命,就不能作我的门徒。"经文后附注:"('爱我胜过爱'原文作'恨')。"

④ Gorgon,亦音译为戈耳工,希腊神话中的蛇发女妖,人一见其美貌就化为石头。

妻子、丈夫或女儿的心。① 一些不信者的怨愤,尽管乔装打扮成反教权论或厌恶迷信的模样,其实是源于此。不过当前,我想的不是这个对手;我们将在后面章节里与此谋面。因为这个当儿,我们的事更"接地气"(down to earth)。

这些"幸福家庭",真正存在的又有几个?再说了,一切不幸家庭之不幸,难道都是因为亲爱之缺席?我相信不是这样。亲爱蛮可以在场,导致不幸。亲爱的一切特征,几乎都暧昧含混。它们既可以为恶,也可以为善。仅凭亲爱自身,让它随其所好,亲爱会令人生变得阴暗变得堕落。关于亲爱,拆穿家和反感伤主义者(anti-sentimentalists)虽未说出全部真理,但所言却真实不虚。

通俗艺术用以表现亲爱的一切甜腻音调及矫揉诗作,其令人讨厌,或许就是此事之症候。它们之可厌,因为它们不说实话。它们将亲爱,再现为福佑(甚至良善)之良方,而事实上它只是个机缘(opportunity)。那里没作任何暗示,说我们还不得不再做些什么:仿佛我们只要像冲热水澡那般,让亲爱浇灌全身,言下之意就是,诸事皆遂。

---

① 可与本章第29段对参。

【§16—21. 亲爱之危险二：贪求被爱】

我们已经看到，亲爱，既包括需求之爱，又包括赠予之爱。先说需求——我们对他人之亲爱的渴望。

在一切爱的渴望之中，这一渴望缘何容易变得蛮不讲理(most unreasonable)，有个明显原因。前面说过，几乎任何人都可以成为亲爱之对象。确实如此；而且几乎每个人都期望得到亲爱。《众生之路》里臭名昭著的庞蒂费克斯先生，①发觉儿子竟然不爱他，大动肝火；孩子竟不爱亲生父亲，"没天理了"(unnatural)。他从未想过自问一下，自打这孩子记事之日起，他的言行，没一样能激发爱。同样，《李尔王》一开头，主人公就是个很不可爱的老头，就被对亲爱之贪求所吞噬。②

---

① 《众生之路》(*The Way of All Flesh*)，是塞缪尔·巴特勒(1835—1902)的著名讽刺小说，有黄玉石先生之中译本行世。

② 《李尔王》的主人公，是80岁的古不列颠国王李尔。他因年事已高，决定将国土划成三份，分给三个女儿。但在托付国事之前，他要三个女儿向自己表达爱："在我即将放弃我的统治权、领土权和国事的重任的时候，告诉我，你们中间哪一个最爱我？我要看看谁的天性之爱最值得奖赏，我就给他最大的恩惠。"大女儿和二女儿，花言巧语，凭口才得到了奖赏。他最爱的三女儿科迪利娅，只是"默默地爱着"，不知道该怎么表白。所以当李尔王要她表达爱时，她回答："父亲，我没有话说。"最终，小女儿落个"没有只能换来没有"的下场，李尔王将原要分给她的国土，分给了两个姐姐。李尔王的悲剧，从此开始。事见《李尔王》第一幕第一场，译者参考的是朱生豪先生之译本。

我被迫举文学里的例子,是因为读者诸君和我,左邻右舍并不相同;如果我们的邻里一样,那么很不幸,拿真实生活里的事例来替换它们,并不难。这种事,天天都有。我们也明白个中缘由。我们都知道,自己必须做些事,即便不是为配得起情爱或友爱,也至少是为争取情爱或友爱。可是,亲爱却常常被假定为天生就是备好了的,现成的;"与生俱来"(built-in),"天生固有"(laid-on),"免费提供"(on the house)。我们都有权得到它。要是他人不给,就"没天理了"。

这个假定,无疑是真理之歪曲。好多东西都是"与生俱来"(built-in)。由于我们是哺乳类,至少在某种程度上,而且往往在很大程度上,本能就会提供母爱。由于我们是社会动物(a social species),社会交际提供了一个场所,其中如果不出差错,亲爱就会生发,茁壮成长,用不着其对象身上有什么闪亮品质。假如我们得到亲爱,那也并不必然是靠我们的德行(merits);我们得到亲爱,或许毫不费力。由于模模糊糊察觉到真相(多数人受到的亲爱,远远超过他们之所配得),庞蒂费克斯先生得出一个可笑结论:"所以我,即便不配,也有权得到亲爱。"这就好像,在高出不知多少的层面上,我们争辩说,因为没有人靠德行有权得到上帝之恩典,所以我,虽然乏善可陈,但也有份。在这两个场合,并无权利一说。我们所有的,不是"期待权"(a right to expect),而是一种"合理期待"(reasonable expectation),期待被亲近之人所爱,即便我们及他们或多或少都是普通人。不过,我们或许不招人爱,或许让人受不了。如果是这样,"天性"(nature)就会跟我们作对。因为使得亲爱成为可能的那个,同样自然而然会使无可救药的反感成为可能;那个厌恶,也会像相对应的那种爱一般,由来已久,无休无止,悄无声息,而且常常是无意识的。乐剧中的齐格弗里德记不起来,不知从何时起,他的侏儒养父,其笨手笨脚、喃喃自语及坐立不安变得可厌。① 这种厌恶,和亲爱一样,我们从来捕捉不到其发端。它好像一直就在。注意,"老"字既可形容亲近,亦可形容厌烦:"那老把戏","那老一套","那老掉牙

---

① 齐格弗里德(Siegfried),北欧神话中一位从来不知何为畏惧的英雄。他斩巨龙、通鸟语、浴龙血。沐浴时,一片菩提叶落在肩胛上,使得这片龙血未及之处,成为他身上唯一的致命处。在瓦格纳的乐剧《尼伯龙根之歌》中,齐格弗里德的父亲战死,逃难的母亲刚生下他即离开人世,临终时托付侏儒米梅(Mime)抚养。事见《尼伯龙根的指环》第三部《齐格弗里德》第一幕第一场。

的东西"。

说李尔王缺乏亲爱,甚为荒唐。只要亲爱是需求之爱,那么他就差不多是为爱疯狂了。除非他(以自己的方式)爱着自己的女儿,否则,他不会如此丧心病狂地巴望着她们的爱。最最不可爱的父母(或孩子),心中也会充满着这种贪婪的爱。只不过,它给别人及他们自己,带来的是伤痛。情况会变得令人窒息。即便已变得不再可爱,他们还坚持索求被爱(仿佛是项权利似的)——他们表现出来的受伤感,他们的指责,无论是叫嚷出来的,还是只隐含在每一个充满怨恨的自哀自怜的眼神及动作之中——在我们身上则产生一种罪孽感(他们有意于此),这罪孽我们过去没能免掉,如今又禁不住要犯。他们渴慕泉水,却封堵了泉眼。即便有过某些有利时刻,我们心中萌发了亲爱他们的种子,可是他们的索求越来越多,又使得我们狠下心来。当然,对于我们的爱,这种人总是渴望着同样的证据;我们应站在他们那边,聆听并共享他们对别人的怨愤。假如我儿子真的爱我,就该看到,他爹何等自私……假如我弟爱我,他就该跟我站在一边,反对我姐……要是你爱我,你就不会让我得到这等对待……

自始至终，他们不知道真正的路。"你想得到爱，就得可爱。"奥维德如斯说。① 这个寻欢作乐的老无赖的意思只是，"要是你打算勾引女孩，你必须有魅力。"不过他的箴言，有更广的用场。这个好色之徒，在他那个年代，比庞蒂费克斯先生和李尔王都聪明。

不可爱者的这些无法餍足的索求，时常会落空，这不足为奇；真正令人惊奇的是，这些索求还经常得到满足。时不时，我们会看到一个女人，从童年、少年、漫长的成熟期以至步入老年，全部时光都花在照料、顺从、抚慰以至供养一个吸血鬼似的母亲上面。对于后者，抚慰及顺从永远都不够。这一牺牲——不过对此有两种看法——或许很美；榨取这一牺牲的那个老女人，则并不美。

【§22—27. 亲爱之危险三：无理取闹】

亲爱之"与生俱来"或无论功过的特性，因而就招致一种可怕的误解。其随便及不拘礼节的特性，亦然。

---

① 原文是："If you would be loved, be lovable."语出奥维德《爱经》卷二，戴望舒译为："你应当是可爱的，别人自然爱你了。"（光明日报出版社，1996，第43—44页）曹元勇译为："如果你值得别人爱怜，别人会自然而然爱恋你的。"（译林出版社，2012，第41页）

关于年青一代之粗鲁无礼,我们屡有耳闻。我自己是个老人,站在老人这一方,就在意料之中了。不过事实上,令我印象更深的,不是这些孩子对父母之无礼,而是父母对孩子之无礼。谁没做过家宴上的尴尬宾客,其中父亲或母亲对待成年子女,其出言不逊,要是用在其他年青人身上,只会反目成仇?对自己不懂而孩子们懂的事固执己见,粗鲁打断人说话,断然否定,嘲笑年青人珍视的事物,有时还嘲笑他们的宗教,提起孩子的朋友口里不三不四——凡斯种种,就令"他们为什么老不着家?为什么他们喜欢谁家都超过自家?"之类问题,几乎不用回答。文明与野蛮相较,谁不喜欢文明呢?①

这些让人受不了的人,假如你问其中随便哪位——当然他们不全是做父母的——为何在家里是这般举止,他们就会回答说:"噢,真见鬼。人回家,就图个放松。人总不能老是表现他最好的一面吧。要是在自个家里,不能做自己,哪里还能?家里,当然用不着客套。我们是个幸福家庭。在这儿,我们相互之间无话不谈。没人介意。我们彼此

---

① 详见路易斯《讲道与午餐》一文,文见拙译路易斯神学暨伦理学文集 God in the Dock(华东师范大学出版社即出)第三编第 3 章。

了解。"

又一次,这话是如此之接近真相,却犯了致命错误。亲爱就像旧衣衫,舒适,随便,无拘无束。如果穿着接待生客,就显得没教养。不过,旧衣衫是一码事,将它一直穿臭是另一码事。游园会有游园会之装束,家居也有家居之装束,各有各的路数。同理,公众礼节与家庭礼节也有分别。二者之根本原则却是一样:"任何人都不得唯我独尊。"① 越是公共场合,我们服从此原则,就越"固定"(taped)或越正式。这里,有一些礼貌的"规矩"。越是在亲密场合,越不正式;但并不因而就不需要礼节。相反,亲爱诣其极致,所实践的礼节,其细腻、敏感与深微,公共礼节无法与之相比。在公共场合,礼制(a ritual)就够了;而在家里,你必须得有礼制所代表的实存(reality),② 否则的话,最大的自我中心就会吹响振聋发聩的号角。你必须真真正正地,不唯我独尊;而

---

① 原文是:"that no one give any kind of preference to himself." 暂不知语出何处。

② 《论语·述而第七》:"子之燕居,申申如也;夭夭如也。"朱熹注曰:燕居,闲暇无事之时。杨氏曰:"申申,其容舒也。夭夭,其色愉也。"程子曰:"此弟子善形容圣人处也,为申申字说不尽,故更著夭夭字。今人燕居之时,不怠惰放肆,必太严厉。严厉时著此四字不得,怠惰放肆时亦著此四字不得,惟圣人便自有中和之气。"

在聚会上,掩藏起唯我独尊,足矣。因而就有了老谚语,"日久见人心"。① 因而,一个人的家庭举止,一下子就暴露了,他的"社交"或"宴会"举止(这字眼极为讨厌)的真实程度。离开舞会或雪利酒会,一回家就不顾斯文,这种人在那些场合也无礼无节。他们只是模仿那些有礼有节的人,在装。②

"我们相互之间无话不谈。"这个说法背后的真理就是,亲爱在其最佳之境,便可以畅所欲言,不顾那些制约着公共礼仪的规矩;因为亲爱在其最佳之境,既不想伤害,也不想羞辱,更不想作威作福。当挚友的妻子不经意间喝光了你的和她自己的鸡尾酒,你或许会称她为"猪"。当父亲又讲起老掉牙的故事,你或许会抬高嗓门。你可以取笑,戏弄,奚落。你能说,"算了吧,我想看书。"你可以在合适时机以合适语调做任何事——此时机和此语调并非意在伤害,也不会带来伤害。亲爱越是完全(better),它就越是不会搞错此时机和此语调是哪些(每一种爱都有其爱的艺术)。然而,当家中的粗鲁无礼之人宣称,他有无话不谈的自由,这

---

① 原文是:"come live with me and you'll know me."藉中国古语意译。

② 古语所谓"观人于揖让,不若观人于游戏",即是此理。

时他所指的事情却大不相同。自己心中的亲爱既不完美（imperfect），或许在这个时刻完全没有亲爱，他却妄称自己有这一美好的自由——只有最最完全的亲爱才有权驾驭或知道如何驾驭的美好自由。当他顺服自己的怨恨，他会将此自由用于恶毒；当他顺服自己的自我主义（egoism），会将此自由用于薄情寡义（ruthlessly）；在最好情况下，只因他缺乏爱的艺术，则会用得愚蠢。而且，自始至终他或许感到问心无愧。他知道，亲爱自由随意。他也自由随意。因而（他下结论说），他满怀亲爱。他怨恨一切，却说是你的爱有缺陷。他受伤了。他遭误解了。

于是，他有时会端起架子，刻意变得"彬彬有礼"，来为自己复仇。① 其言外之意当然是，"噢，这么说，我们不该亲密？我们以后只是熟人？我本希望——不过没关系，你请便。"这很好表明了亲密关系与正式关系之礼节差异。切合这一个的，恰好打破了另一个。在某个有名望的陌生人面

---

① 路易斯《魔鬼家书》第3章："在文明生活当中，人若要向家人泄愤，通常会说一些温和有礼的话（那些字眼儿可一点儿也不伤人），但用那样一种口气说出来，或是在某一特定时刻说出来，其实无异于扇对方一记耳光。"（况志琼、李安琴译，华东师范大学出版社，2010，第15—16页）

前,自由随意,就是无礼;在家里,端出正式场合或讲究仪式的礼节("私人领域的公共面孔"①),也是无礼,而且总是刻意无礼。《项狄传》里,对真正好的家庭举止,有个出色图解。在一个特别不合适的时机,脱庇叔叔滔滔不绝地谈起了他钟爱的话题,防御工事。"我父亲"唯有这次忍无可忍,粗暴打断了他。接着他看到了弟弟的面孔;脱庇的全然无助的面孔,深受伤害,不是由于对他自己之轻慢——他绝不会这样想——而是由于对这项高贵艺术的轻蔑。我父亲立即悔悟。道歉。和好如初。脱庇叔叔,为表现出他完全原谅父亲,为表现出他没架子,又重新拾起防御工事的话题。②

【§28—33. 亲爱之危险四:善妒】

然而,我们尚未谈及嫉妒。我想,现在没人相信,嫉妒只与情爱相关。即便真有人信,儿童、雇员、家畜之举止,

---

① 典出奥登的《短句集束》(Shots):"Private faces in public places/Are wiser and nicer/Than public faces in private places."马鸣谦先生中译为:"公共领域的私人面孔/显得更明智、更亲切,/相比私人领域的公共面孔。"(《奥登诗选:1927—1947》,马鸣谦、蔡海燕译,上海译文出版社,2014,第41—42页)

② 事见《项狄传》第二卷第十二章。

也应很快令他醒悟过来。每一种爱,甚至每一种社会交际(association),都会导致嫉妒。亲爱之嫉妒,与亲爱依赖于老的熟悉的事物,密切相关。与此嫉妒相关的还有,我所谓的欣赏之爱对亲爱全然无足轻重,或相对无足轻重。我们不想让"老的熟悉面孔"变得更明亮或更美丽,不想更改那些老套路,即便是变得更好,不想让那些老笑话及老兴趣为令人兴奋的新奇事物所取代。变化,对亲爱是个威胁。

两兄妹或两兄弟——由于性别在这里没有关系——在某个年龄段,共享着一切事物。他们共同阅读喜剧,一起爬树,一同扮海盗或宇航员,同时开始集邮,也同时放弃。接着,发生了一件糟透了的事。他们中间有一个窜到了前头——发现了诗歌或科学或严肃音乐,或许还归信了个宗教。他的生命里,漫溢着新的兴趣。另一个分享不了;他被抛在后面。我还真有些怀疑,与此相比,夫妻不忠所带来的遗弃感还是否更难熬,妒意还是否更强烈。这还不是针对负心人所要结交的新朋友的妒意。这种妒意是会来;可一开头,则是对事物本身之妒意——针对的是这门科学、这个音乐,针对的是上帝(在这样的语境中,总被称作"宗教"或

"宗教这玩意")。这种妒意,极有可能用嘲讽来表达。新兴趣"整个是愚蠢的瞎闹",幼稚得不足挂齿(或老成得不足挂齿),或者说负心人其实根本对此不感兴趣——他只是卖弄,出风头;全是矫揉造作。不久,那些书就会藏起来,科学标本就会毁掉,收音机会强行换台,不再听古典音乐节目。由于亲爱是最最本能的,因而也是最最动物性的一种爱,其妒意之强烈程度也与之相当。一只狗,当食物被强行拿走,会呲牙咧嘴。亲爱,怎会不这样呢?有些东西或有些人,从我正在刻画的这个小孩身边,强行拿走他的终生食粮,拿走他的第二自我。他的世界,毁了。

不独孩子们反应如此。在文明国度和平时期的普通生活中,与一个不信教的家庭对一位成为基督徒的家庭成员的积怨相比,或与一个没文化的家庭对一位显出知识分子迹象的家庭成员之积怨相比,更恶劣的事情是少之又少。这可不像我曾经所想的那样,只是黑暗对光明的内在的以及可谓无缘无故的恨(disinterested hatred)。一个常去教堂的家庭,要是有一位变为无神论者,其表现也好不到哪里去。那个反应针对的是抛弃,甚至是抢夺。某人或某东西偷走了"我们的"儿子(或女儿)。曾是我们一员的人,成了他们之一员。谁人有权如此？他是我们的。可是，变化一旦这样开始，谁知道，它会何处收场？（加之，我们以前何等幸福何等惬意，从没彼此伤害过啊！）①

有时会有一种奇怪的双重妒意，或者毋宁说，是两种相互冲突的妒意，二者在被抛弃者的心中，此消彼长。一方面，"这全是胡扯，全是自命清高的胡扯，全是伪善说教。"可另一方面，"万一——它不可能如此，它必定不如此，只是万一——其中还有些说头呢？"万一在文学里，或者在基督教里，还真有点什么呢？要是负心人还真的进入了一个新世界，我们其余人对此世界连怀疑的份都没有，那可咋办？要是这样，何其不公！为何偏就是他？为何从未对我们敞开？

---

① 在《裸颜》里，路易斯讲述了这种妒意如何发展演变成伤害。奥璐儿深爱同父异母的妹妹赛姬。因国内瘟疫横行，赛姬被送至神庙，与神的儿子成亲。奥璐儿决心将妹妹解救出来，却意外发现妹妹出落得如此健美脱俗。令她忍受不了的是，赛姬笃定神的存在，而奥璐儿却并未发现神迹，即使神迹有一瞥，也坚决否认。奥璐儿以自残的方式，逼迫赛姬违反神的旨意。赛姬因爱姐姐，迫不得已做了，遂被神逐出神宫，到处流浪。在审判席上，奥璐儿如是申诉："喝他们的血吧！但请不要夺走他们的心。宁可他们死了却仍是我们的，也不愿他们被赋予不朽的生命，变成你们的。把她的爱夺走，让她看见我看不见的事物……听说这丫头，这个脑子里除了我放进去的之外，再也没有（也不应有）其他思想的丫头，竟被奉为先知，奉为女神……这谁受得了。"（曾珍珍译，华东师范大学出版社，2008，第238页）

"对长者隐而不见的东西,却向黄毛丫头或妄自尊大的黄口小儿敞开?"因为这明显难以置信,也难以忍受,妒意又回到了"全是胡扯"那一假设。

处此状态的父母,要比兄弟姊妹,更坦然一些。孩子们不知道父母的过去。无论负心人的新世界是什么,父母总能宣称,这他们自己也经过,后来从另一端出来了。"那是个阶段,"父母说,"一切很快就会烟消云散。"这种说法,再圆满不过。它不能被当即否决,因为它是对未来的陈述。它虽然刺耳,可是由于说得如此语重心长,所以很难引起怨恨。更有利的是,长辈或许还真信这个说法。最有利的是,或许最终还给说中了。即便没说中,那也不是他们说错了。

"儿啊,儿啊,你这样胡来伤透娘心。"这个著名的维多利亚式哀求,常常是真话。当一位家庭成员,败坏家风——赌博、酗酒、嫖妓——亲爱会深受伤害。不幸的是,当你高于家风,你也差不多同样有可能伤你母亲的心。亲爱之保守(the conservative tenacity),是双刃剑。它和国家的自杀式教育,还有得一比。这种教育,阻碍有前景的孩子。因为,要是有前景的孩子很不民主地步入更高的阶层,游手好闲之辈或下愚之辈会"受伤"。①

【§34—42. 亲爱作为赠予之爱的危险】

亲爱的这些乖张之处,都主要与亲爱作为一种需求之爱有关。作为一种赠予之爱,亲爱亦会乖张。

我想起了菲吉特太太,几月前刚过世。她的家人竟面目一新,确实令人吃惊。丈夫不再老拉着脸,会笑了。小儿子,我还一直以为就是个满腹怨恨、乖戾的小家伙,原来还挺有人情味。大儿子,除了睡觉,基本不着家,如今差不多老是在家,还开始莳花弄草了。女儿,大伙一直以为她"体弱多病"(尽管我从没发现到底害什么病),如今学起了骑马,那在以前是想都别想,还每天晚上都去跳舞,乒乓球想打多久就打多久。即便是那条狗,以前是除非牵着否则就出不了门,如今则是那条街上的灯杆俱乐部里大名鼎鼎的一位成员。

---

① 路易斯所说的"国家的自杀式教育"(nationally suicidal type of education),指的是以平等主义为基础的民主教育。在路易斯看来,这种教育既杀死教育,又杀死民主,故而称作"自杀式教育"。关于此,可参拙译《切今之事》(华东师范大学出版社,2015)第 2 章《论平等》和第 6 章《论民主教育》,亦可参况志琼译《魔鬼家书》(华东师范大学出版社,2010)之附录《私酷鬼致祝酒辞》。

菲吉特太太常说,她为家人而活。这话可不假。左邻右舍,人人皆知。"她为家人活着,"他们都说,"好一个贤妻良母。"所有浆洗活,她一人扛。可说实话,她洗得不大干净。衣服送洗衣房,他们出得起钱。他们常常求她别洗了。可是,她坚持要洗。无论谁在家,总能吃上一顿热乎乎的午饭,晚间还是热乎乎的饭菜(即便是在盛夏)。他们曾求她不要这样。他们几乎含泪反抗(而且说的是心里话),说他们喜欢凉菜。这不起作用。她就是为家人活着。要是你夜出未归,她总是等到深夜,"等候"你回家;等到凌晨两三点钟,也没关系;你总会发现一张孱弱、苍白而又疲惫的面孔在等着你,像是无声的谴责。这当然就意味着,要是你还识点大体,就不能经常外出了。她也一直做针线;她自己估计(我自己没资格断定),还是个杰出的业余裁缝和了不起的编织手。当然,除非你是狼心狗肺,否则你就得穿这些衣物。(教区牧师告诉我,她死后,"衣物义卖会"上,她家的捐赠,超过教区其他居民之总和。)还有她对家人健康的关心!女儿"体弱多病"的担子,她一人独扛。医生是她家的老朋友了,给女儿瞧病,也不属于国民保健制度范围。可她从不容许医生跟病人探讨病情。最短时间的诊断之后,母亲就领他到隔壁。为的是让女儿不用烦恼,不用为自己的健康负责。只有无微不至的关爱;抚慰,好吃好喝,难喝的药酒,还有送到床边的早餐。因为菲吉特太太,恰如她时常说的,会为家人"鞠躬尽瘁"。他们挡不住她。他们——都是识大体的人——也不能坐视不理,作壁上观。还得帮忙哎。他们确实总是不得不帮忙。也就是说,他们做事是为了帮她,帮她去为他们做些他们并不想要的事情。至于那只亲爱的小狗,她说过,对她而言"就像个孩子"。她还真把它弄得,像是她的孩子。不过,由于它没有顾虑,处境比他们好一点。尽管也看兽医,节食,也被看管得寸步不离,它还是想方设法,时不时靠近一下垃圾桶或邻家小狗。

教区牧师说,菲吉特太太现在安息了。愿她安息。非常确定,她家现在安宁了。

不难见出,这一倾向,可以说,乃母性本能天生本有。我们看到,这是一种赠予之爱,不过是需要去赠予的那种;因而,它需被需要(needs to be needed)。然而,赠予之旨归,就是将接受者摆渡到不再需要我们赠予之境。我们哺养儿女,为的是他们很快能自己进食;我们教育孩子,为的是很快不再需要我们的教育。这样说来,重担就在此赠予之爱上。它必须孜孜以求自身之引退。我们必须以令自己变得多余为鹄的。我们能说"他们不再需要我"的那个时候,就是对我们的奖赏。然而本能,仅就自己之本性而言,没有能力成全这个律。母性本能渴欲着其对象的善,但没这么简单;它只渴欲它所能给予的那种善。本能要能完成这一隐退,一种远为高尚的爱——这种爱渴欲对象本身的善,无论善的源头为何——必须介入,来帮助或驯化本能。当然,它经常就是这样引退的。反过来,要是它没引退,那个贪婪的被需之需要(the ravenous need to be needed),欲满足自身,就会让其对象保持欠缺(needy),或者给它们发明虚幻的需要(imaginary needs)。它这样做,会更铁面无情,因为它自认为是一种赠予之爱(在某种意义上确实如此),因而自以为"无私"。

可不只是母爱会这样。别的一切需被需要的亲爱,无论是派生于父母本能(parental instinct)还是类似于父母本能,都会落入同一窠臼。监护人对受监护人之亲爱,就是其一。在简·奥斯丁的小说里,爱玛认定,哈莉特·史密斯应过上幸福生活;不过,只是爱玛自己为她规划的那种幸福生活。① 我自己的职业——即大学教师——也有此危险。如果我们还算得上称职,就必须孜孜以求这一时刻,这时学生适合于作我们的批评者和对手。当此之时,我们应心喜。就像个击剑教练,当弟子刺中他并解除他的武装,他会心喜一样。而且,许多老师都是这样。

可不是一切老师。我这把年纪,还记得库兹博士的悲惨境地。没有哪所大学,敢自诩拥有比他更能干更卖命的老师了。他一心扑在学生身上。他差不多给所有人,都留下难以磨灭的印象。他成为崇拜对象,名至实归。自然而然,而且令人欣喜的是,师徒关系结束之后,他们还坚持拜访他——大老远晚间探访,进行出色讨论。可奇怪的是,这

---

① 《爱玛》出版于 1815 年,写的是 21 岁的女孩爱玛·伍德豪斯的婚恋和家庭生活。小说的前三分之一,围绕爱玛和哈莉特·史密斯(Harriet Smith)的友谊展开。这份友谊从一开始就是不平等的。爱玛出身当地首屈一指的世家,富有而受人尊敬;哈莉特则是私生女,自小寄宿在学校里。两人相处过程中,爱玛处于支配地位,哈莉特则心甘情愿地顺从。出于提升哈莉特社会地位并使之得到幸福的心理,爱玛擅自决定让她和牧师艾尔顿恋爱并结婚,通过劝说、教导、鼓励等方式让她放弃有好感的农夫罗伯特·马丁,对艾尔顿萌生情愫,进而爱意深种。然而,在后来的一次单独相处中,艾尔顿却对爱玛表露情意,且认为哈莉特地位卑下,配不上自己。这令爱玛十分震惊,对艾尔顿充满厌恶,对哈莉特充满愧疚,为自己所犯错误后悔不迭。(人名翻译出自张经浩译《爱玛》,台北:林郁文化,1996)

种事总是难以为继。或迟或早——或许是几月以内,或许是几周以内——总会来了一个致命晚间,他们敲门,家人说,博士有约在身。自那之后,博士老是有约。他们被永远逐出师门。这是因为,在最后一次聚会上,他们反抗了。他们坚称自己之独立——与师父有了分歧并捍卫自己的观点,或许还不无成功之处。培养此独立,库兹博士曾竭尽所能,也是他之职责所系。然而面对此独立,库兹博士难以忍受。沃坦曾含辛茹苦,栽培自由的齐格弗里德;自由的齐格弗里德站在面前,他却被激怒了。① 库兹博士是个不快乐的人。

这一可怕的被需之需要(this terrible need to be needed),经常在养宠物中,寻找释放。了解到有人"喜欢动物",我们对此人几乎还一无所知,除非我们知道他怎么个喜欢。因为有两种喜欢法。一方面,高等的家养动物,可以说,是我们与所余自然的一个"桥梁"。人类孤立于低于人

---

① 沃坦(Wotan),瓦格纳的乐剧《尼伯龙根的指环》中的人物,丛林之王。沃坦即北欧神话中的众神之王奥丁(Odin),是世界的统治者,又有"天父"之称。在吟游诗人和古冰岛传说中,奥丁的别名有二百多个,沃坦就是其中之一。路易斯所提典故,见《尼伯龙根的指环》第三部《齐格弗里德》第三幕第二场。

类之世界(sub-human world)——理智所导致的本能之退化,过度的自我意识,处境的错综复杂,没能力活在当下——我们都时不时为此感到莫名其妙的痛楚。要是我们能悉数摆脱,该多好! 我们切莫沦为禽兽。顺便说一句,我们也成不了禽兽。不过,我们可与禽兽"共处"。禽兽也够人性(personal enough),足令"共处"一词名副其实;不过,禽兽大体上,还是一小束无知无识的生物冲动(an unconscious little bundle of biological impulses)。它三条腿在自然界,一条腿在我们的世界。它是纽带,是大使。谁不期望,如鲍桑葵所说,"在牧神的宫廷里有个代表"?① 人与犬共处,缩小了宇宙中一道鸿沟。可话说回来,动物常遭滥用。假如你需被需要(need to be needed),假如你的家人,逐渐不需要你又十分合情合理,那么,一个宠物就是显而易见的替代。你可以让它终其一生都需要你。你可以让它永远长不大,可以让它永远娇弱,让它跟动物的一切真正幸福

---

① 伯纳德·鲍桑葵(Bernard Bosanquet,1848—1923),英国新黑格尔派哲学家,在英国学术界极为活跃,曾名噪一时。文中征引的"to have a representative at the court of Pan"一语,出自鲍桑葵的《伦理学刍议》(*Some Suggestions in Ethics*,1918)第四章第79页。

生活绝缘。出于补偿,你给它培养无数小嗜好,这些小嗜好只有你才能满足。这个不幸生灵,因而就变得对家里其他人特别有用;它扮演污水池或下水道的角色——你因忙于糟践一条狗的生命,故而无暇糟践他们的生命。对此目标而言,狗比猫强一些:据说,猴子最好。因为它最像个人。可以确定,这对动物是个特别的霉运。不过,它大概无法完全认识到,你给它带来的伤害。更不用说,即便它认识到了,你也永远不知。饱受蹂躏之人,若驱迫过甚,终有一日或许会转过身来,道出一项可怕真相。动物却不会说话。

那些说"越是看透人,越喜欢动物"的人——没人相伴就在动物中间找到"安慰"的那些人——最好盘查一下自己的真实理由。

【§43—46. 与人道主义者一辩:罪与病】

但愿我不会遭到误解。要是这一章让人不敢肯定,"天生的亲爱"(natural affection)之缺失乃是一种极端堕败,那我就失败了。我也从未片刻质疑,在我们的自然生命中,无论何种可靠而又持久的幸福,百分之九十都端赖亲爱。我因而会对这样一些人心怀同情。他们读了方才那几页,就大发议论:"是啊。是啊。这些事时有发生。自私之人和神经病人会扭曲任何东西,即便是爱,扭曲成某种苦难或剥削。不过,为什么老是说这些例外(marginal cases)? 有一点点常识,一点点将心比心(a little give and take),就可以阻止它们出现在识大体的人中间。"不过我想,这议论本身就需要一个议论。①

先说说"神经质"吧。我并不认为,将亲爱的这一切有害情形归为病理学的,事情就一清二楚了。无疑,某些人的确有些病态,使得他们难以抗拒甚至不可能抗拒走向这些有害状态之诱惑。那就设法送这些人去看医生。不过我相信,任何人只要开诚布公,就会承认,他也曾感受到这些诱惑。出现这些诱惑,可不是疾病;即便就是疾病,病的名称也是"身为堕落的人"(Being a Fallen Man)。在普通人身上,屈服于这些诱惑——谁人不曾屈服?——不是病(dis-

---

① 人道主义者不承认基督教所说的"罪",以为一切都是"病"。流风所及,他们甚至认为法律上的"罪",其实都是心理上的"病"。在《人道主义刑罚理论》(The Humanitarian Theory of Punishment,1949)一文里,路易斯申明,这一理论看似"人性",终究却与技术专制合谋,使人沦为物;看似解放,终究会导致极端暴政。文见路易斯神学暨伦理学论文集 God in the Dock 第三编第 4 章,拙译该书华东师范大学出版社即出。

ease),而是罪(sin)。① 这时,帮助我们的不是医疗措施,而是属灵指引。药物致力于恢复"天生"构造或"正常"功能。然而,违背天性或不正常,用于贪婪、自我中心、自欺以及自怜,跟用于散光或游走肾,不是一个意思。因为,老天在上,要是有人全无这些毛病,谁会将这人形容为"自然天生"(natural)呢?假如你偏就要称这人是"自然天生",那这词的意思就大不一样了,就成了至高自然(archnatural)的意思,就成了"未堕落"的意思。这样的人(Man),我们只见过一个。② 祂一点都不像心理学家所描绘的性格完整、心态平衡、适应环境、婚姻幸福、事业有成还饱受欢迎的市民。

---

① 路易斯《返璞归真》卷三第 4 章"道德与精神分析",详细区分了"病"与"罪"。他说,人作道德选择,通常涉及两点:一是选择行为,一是"选择所使用的原材料",即"心理装备向他提供的各种感觉和冲动"。"原材料"有正常与不正常之分:"对真正危险的东西感到恐惧属于第一种,对猫和蜘蛛毫无理由的恐惧、男人对男人的反常的渴慕则属第二种。"(汪咏梅译,华东师范大学出版社,2007,第 97 页)假如原材料不正常,即为精神分析用武之地:"精神分析学的工作是要除去这些不正常的感觉,也就是说,要给人的选择行动提供更好的原材料,而道德只关心选择的行动本身。"(同前)"不良的心理材料,不是罪,而是病,人不需要为之忏悔,只需要将它治愈。"(同前,第 98 页)假如心理机能正常,"选择行为"却出了问题,那就不是精神分析的事了,而是道德或宗教的事了。故而路易斯提醒我们,"需要明确区分两点:一是精神分析学家实际的医学理论及方法,二是弗洛伊德及其他人加于这些理论和方法之上的笼统的哲学世界观。"(第 96 页)作为医学的精神分析,跟基督教没有任何冲突。

② 指耶稣基督。按基督教教义,耶稣基督既是全神,也是全人。

你根本无法"适应"你的世界,假如这世界对你说,你是"鬼附着的",①最终将你赤身露体钉上十字架。

不过其次,那个议论用自己的话,倒承认了我恰巧试图要说的东西。亲爱会带来幸福,当——而且仅当——其中有着常识(common sense),有着将心比心(give and take),还"识大体"(decency)。换句话说,只有当高出亲爱之上或之外的东西,加入进来。单单这个亲情,不够。你还需要"常识",也即道理(reason)。你需要"将心比心",也即你需要正义,来不断刺激褪色之时的亲爱之情,来约束那忘记或否认爱的"艺术"的亲爱之情。你还需要"识大体"。无法掩盖的事实就是,这意味着良善(goodness);耐心,克己,谦卑,远远高于亲爱的某种爱的不断介入,本身就是识大体。这就是全部要点。假如我们试图单凭亲爱活着,亲爱会"在我们身上变质"。

怎就变了质呢,我相信,我们很少承认。菲吉特太太加给家人的数不清的沮丧和苦痛,她怎会真的一点不知?简

---

① 《约翰福音》八章48—49节:犹太人回答说:"我们说你是撒玛利亚人,并且是鬼附着的,这话岂不正对吗?"耶稣说:"我不是鬼附着的,我尊敬我的父,你们倒轻慢我。"

直让人难以置信。她明白——她当然明白了——当你知道,你回家时,总会发现她带着无助的像是在控诉的表情"坐着等你",你的整个晚上都被毁了。她仍坚持着这一切,那是因为,她若放弃,就得面对那个她下定决心闭眼不看的事实,就会知道自己不再是必需的了。这是她的首要动机。还有,她的辛劳,打消了她对自己爱的性质的暗暗疑虑。脚越疼背越酸,越好。因为这疼痛会在她耳边低语:"要是我把这都做完,那我必定是多么爱他们啊。"这是第二重动机。不过我想,还有略深一点的动机。家人的不领情,那些可怕的伤人的话——无论什么都会让菲吉特太太受伤——他们竟恳求她把衣服送出去洗,这就使她感到委屈(illused),因而就一直怨这怨那,享受着怨恨之乐。要是有人说他不知道还有怨恨之乐,那他要么是在撒谎,要么就是个圣人。没错,它们只是那些愤恨之人的快乐。然而话说回来,菲吉特太太的爱,包含着大量的恨。罗马诗人说"我恨,我爱",①说的是情爱。其他种类的爱,同样也会爱恨交织。

---

① 语出罗马诗人卡图卢斯(Catullus,约公元前84—约前54)《歌集》第85首。该句诗拉丁原文是"Odi et amo",译者李永毅解释此句诗文说:"odi 与 amo 都是元音+辅音+元音的结构,从 odi 的 o 回到(转下页注)

它们自身就携带着恨的种子。倘若将亲爱弄成人类生活的绝对主宰,这些种子就会发芽。爱,一旦成为神,就沦为魔。

(接上页注)amo 的 o,仿佛卡图卢斯的感情转了一圈,又回到了原点。两个及物动词的绝对用法(不带宾语)强化了词语的力度,有岩石般的坚硬质地。"(《卡图卢斯〈歌集〉拉中对照译注本》,李永毅译注,中国青年出版社,2008,第 333 页脚注)该诗很短,全文如右:"我恨,我爱。为什么这样?你或许会问。/不知道,可我就如此感觉,忍受酷刑。"(李永毅译)

4 友爱

Friendship

【§1—5. 现代:友爱之遗忘】

要是有人打算谈谈亲爱或情爱,都不愁找不到听众。二者之重要及美好,人一再强调,甚至一再夸大。即便是拆穿家,欲拆穿此二者,也得有意识地去反对这一讴歌传统,并因而受其影响。然而,很少有现代人认为友爱是一种价值相当的爱。甚至连一种爱都算不上。《悼念集》①之后,

---

① 1833 年,英国诗人丁尼生(Alfred Tennyson,1809—1892)的挚友哈勒姆(A. Hallam)猝死,他写了《悼念集》(*In Memoriam*)。这是一部 131 首的组诗,被誉为英国文学史上最优秀的哀歌之一。丁尼生因此诗被封为桂冠诗人。

我还真记不起来有哪部诗作或哪部小说,讴歌过友爱。特里斯坦与伊索尔德,①安东尼与克利奥帕特拉,②罗密欧与朱丽叶,③在现代文学中,有无数的对应人物;而大卫与约拿单,④皮拉德斯与俄瑞斯忒斯,⑤罗兰与奥利弗,⑥艾米斯和艾米利,⑦则没有。对古人而言,友爱仿佛是一切爱之中最幸福最属人的一种;是生命之冠冕,美德

---

① 特里斯坦(Tristan)与伊索尔德(Isolde),瓦格纳的同名歌剧的男女主人公。

② 安东尼(Antony)与克利奥帕特拉(Cleopatra),莎士比亚同名悲剧的男女主人公。

③ 罗密欧(Romeo)与朱丽叶(Juliet),莎士比亚同名悲剧的男女主人公。

④ 大卫(David)与约拿单(Jonathan),圣经人物,见《撒母耳记上》。英文短语 David and Jonathan,因此典故,常被解作十分要好的患难朋友,情同手足,甚至为对方牺牲生命。

⑤ 俄瑞斯忒斯(Orestes),特洛伊战争中希腊统帅阿伽门农之子。皮拉德斯(Pylades),俄瑞斯忒斯之挚友。阿伽门农战胜回国,即遭妻子谋害。俄瑞斯忒斯为报杀父之仇,杀了母亲,四处躲逃复仇女神之追捕。友人皮拉德斯跟他患难与共。英文短语"Pylades and Orestes",因此典故,有"莫逆之交"之意。

⑥ 罗兰(Roland),法国史诗《罗兰之歌》主人公,查理大帝的外甥,曾与其友奥利弗(Oliver,查理大帝的 12 武士之一)大战五日,不分胜负。因而就有习语 a Roland for an Oliver,意为旗鼓相当。

⑦ 艾米斯(Amis)和艾米利(Amile),法国 13 世纪传奇故事 *The Friendship of Amis and Amile* 的主人公。佩特《文艺复兴》一书第一章"两则早期法国故事",对其中描写的友爱,有长篇介绍。

之学校。① 与此相对,现代世界则对友爱置若罔闻。我们当然也承认,在妻子家人之外,人还需要几个"友人"。可是,承认的那个语调,以及会形容为"友爱"的那种交游,就清楚显示,他们所谈论的东西,与亚里士多德会归为德性之一的菲利亚(Philia),或与西塞罗写书专论的阿米希提娅(Amicitia),②基本不相干。它相当边缘;不是生命筵席的一道主菜;是个消遣(diversion);是填补时间空隙的某种东西。怎么会成这样?

为首一个,亦最为显见的一个答案就是,之所以很少有人珍视友爱,是因为很少有人体验友爱。③ 终其一生却没有友爱,这种可能性根于一个事实,该事实令友爱与亲爱及

---

① 友爱在古人心目中的地位,由西塞罗《论友谊》的这些话可略见一斑:"我所能做的只是劝你们把友谊看作是人生的头等大事;因为友谊是最合乎我们天性的东西,或者说,无论在顺境或逆境中,它正是我们最需要的东西。"(西塞罗《论老年 论友谊 论责任》,徐奕春译,商务印书馆,1998,第52页)"我倾向于认为,除智慧以外,友谊是不朽的神灵赋予人类最好的东西。"(同上,第53页)"如果生活中没有那种在朋友间的相互亲善中所能见到的安逸,活着还有什么意思?"(同上,第54页)

② 友爱之希腊文是 Philia,其拉丁文是 Amicitia。

③ 西塞罗《论友谊》:"据历史记载,自古以来真正诚笃的朋友只有三四对。"(西塞罗《论老年 论友谊 论责任》,徐奕春译,商务印书馆,1998,第51页)

情爱二者判若泾渭。诸爱之中,友爱在某种意义上——绝无贬低之意——是最非天性(natural);它最非本能,最不肉身,最非关生物学,最特立独行,最不为生存所必须。它与神经系统,没啥关系;关于它,没有什么如鲠在喉;没有什么东西让你心跳加速,或让你的脸一阵红一阵白。本质上,它在个体之间;两人成为友人的那个当儿,在某种程度上就双双脱离群体(herd)。离开情爱,我们无人能够出生;离开亲爱,我们无人会得到抚养;可是离开友爱,我们照样繁衍生息。人类这一物种,从生物学考量,没有友爱之需要。团伙或畜群——群众——甚至会厌恶或不信任友爱。其头领更是经常如此。校长,宗教团体的头,上校及船长,当其治下的两个小螺丝钉之间生发出亲密而又强韧的友爱之时,他们会感到不安。

友爱的这一(所谓)"非天性"(non-natural)的品质,足可以解释,为什么友爱在古代和中世纪得到崇扬,在我们时代则渐遭轻视。那些时代最深处以及最持久的思想,是禁欲的,否弃尘世的。人们对天性(nature)、情感以及身体,或是惧怕,视为对灵魂之威胁;或是鄙夷,视为人类地位之堕落。无可避免,那种仿佛最最独立于甚至无惧于自然天性(mere nature)的爱,就会得到推崇。亲爱和情爱,与神经系统的联系,与禽兽的共通处,都过于明显。你会感到牵肠挂肚,心底踢腾。可是在友爱中——在自由选择的这个光明正大、心如止水、理性的世界中——你脱离了这一切。在一切爱之中,唯有这种爱,仿佛使你升至神祇(gods)或天使的境界。

可是,接着来了浪漫主义,来了"流泪喜剧"①,来了"回归自然"②,还有情感之颂歌;随之而来的便是情感泛滥,尽

---

① 流泪喜剧(tearful comedy,亦译"涕泪喜剧"),指18世纪前半叶出现的不同于古典喜剧的一种新喜剧。陈军《狄德罗正剧理论批判》:"1720年左右,以拉·萧瑟为代表的一批剧作家的作品,明显地呈现出一种新的创作气象。由于这些戏剧以普通人为主角,所以在新古典主义理论的传统中,它们仍属于喜剧的范畴。但是与传统的喜剧不同,这些新的喜剧诉诸同情和感伤,剧中人物也不再被塑造成讽刺与嘲笑的喜剧形象,拉·萧瑟还把他的戏剧命名为'流泪喜剧'(tearful comedy)。"(《戏剧文学》2008年第10期,第9页)狄德罗则为这种新型喜剧提供了系统的理论支持。

② 关于"回归自然",最强烈的呼声,当数卢梭《爱弥儿》之开篇:"出自造物主之手的东西,都是好的,而一到了人的手里,就全变坏了。他要强使一种土地滋生另一种土地上的东西,强使一种树木结出另一种树木的果实;他将气候、风雨、季节搞得混乱不清;他残害他的狗、他的马和他的奴仆;他扰乱一切,毁伤一切东西的本来面目;他喜爱丑陋和奇形怪状的东西;他不愿意事物天然的那个样子,甚至对人也是如此,必须把人象练马场的马那样加以训练;必须把人象花园中的树木那样,照他喜爱的样子弄得歪歪扭扭。……偏见、权威、需要、先例以及压在我们身上的一切社会制度都将扼杀他的天性,而不会给它添加什么东西。他的天性就象一株偶然生长在大路上的树苗,让行人碰来碰去,东弯西扭,不久就弄死了。"(李平沤译,商务印书馆,2001,第5页)

管常遭人诟病,却一直延续下来。最后,则歌颂起了本能,也就是血液中的黑暗神灵(the dark gods in the blood);这些鼓吹者们,或许没能力桃园结义(male friendship)。遭了这等天谴,这种爱曾经的一切可圈可点之处,如今开始变得对它不利了。友爱没有含泪之微笑,没有信物,没有呢喃儿语,不足以取悦感伤主义者(sentimentalists)。友爱也不会令人血脉贲张、心惊肉跳,不足以吸引原始主义者(primitivists)。它显得单薄贫弱,倒像是更肉身的爱(the more organic loves)的素食替代品。

还有些别的原因。对那些将人类生命仅仅看作动物生命之发展或复杂化的人来说——他们现在是大多数——一切行为样式,要是拿不出证书,证明其动物源头或生存价值(survival value),就都是可疑的。友爱之资格证,很不令人满意。再加上,重集体而轻个体的观点,必然会贬抑友爱;友爱可是个体性(individuality)诣其极致时人与人的关系。跟孤独本身(solitude itself)所能做到的那样,友爱将人从集体之"团结"中拉了出来;而且比孤独更有威胁,因为它是三三两两地往外拉。某种形式的民主情愫(democratic sentiment),也自然而然地对友爱怀有敌意,因为友爱是选择性的(selective),是少数人之间的事。说"这些人是我朋友",言外之意就是"那些不是"。鉴于上述一切原因,假如有人(跟我一样)相信古代对友爱的评价还算正确,那么,除非先给友爱平个反,否则就写不了一章。

【§6—10. 一个现代理论:友爱其实就是同性恋】

这就给我一开始,加了一件很讨厌的拆除工作。在我们这个时代,认为一切牢靠而又严肃之友爱其实是同性恋的理论,亟需反驳。

"其实"(really)这一危险字眼,在此殊为重要。说一切友爱都是有意识的、公开的同性恋,其错误太过明显;于是这些精明人(wiseacres)就含糊其辞(take refuge),提出一项不大触目的指控,说友爱"其实"——也就是无意识地,模模糊糊地,在某种深奥的意义上①——就是同性恋。这样说,尽管不能得到证实,但必定永远无法反驳。在两个友人的举动中,找不出任何同性恋的肯定性证据,这一事实根本不会使这些精明人仓皇失措。"这正在我们预料之中,"他们不动声色地说。证据之缺乏,因而被视为证据;没有

---

① 原文是"in some Pickwickian sense"。匹克威克(Pickwick),狄更斯的小说《匹克威克外传》的主人公。

烟,就证明火被小心掩藏。① 是啊——要是真的有火的话。可是,我们总得先证明火的存在吧。否则的话,我们的论证就像这样一个人,他说:"如果那张椅子上有一只隐形猫,那么椅子看上去就空着;椅子看上去确实空着;因而,椅子里就有一只隐形猫。"②

相信就有隐形猫,这或许逻辑上无解。不过,关于那些人,这信念倒告诉我们不少东西。无法将友爱想作实质

---

① 卡尔·波普尔在《猜想与反驳》第一章曾说,第一次世界大战后,学生中间流行着马克思的历史学说、弗洛伊德的精神分析学和阿德勒的"个体心理学"。他发现,这三种流行思潮有个共同特点,那就是"正反都有理":"每个可以想到的病例都能用阿德勒的理论或者同样用弗洛伊德理论加以解释。我可以用两个截然不同的人类行为的例子来说明这一点:一个人为了淹死一个小孩而把他推入水中;另一个人为了拯救这个孩子而牺牲自己的生命。弗洛伊德和阿德勒的理论可以同样容易地解释这两个事例。按照弗洛伊德,第一个人受到了压抑(比如他的恋母情结的某个成分),而第二个人则已达到升华。按照阿德勒,第一个人具有自卑感(因而可能产生了自我证明自己敢于犯罪的要求),第二个人也是这样(他的要求是自我证明敢于救这个孩子)。我不能设想,有什么人类行为不能用这两种理论来解释的。在这些理论的赞赏者看来,正是这个事实——它总是适用,总是得到证实——构成了支持它们的最有力的论据。"(傅季重 等译,上海译文出版社,1986,第50页)

② 这是典型的逻辑谬误,逻辑学里称之为"充分条件假言推理之肯定后件式"。其逻辑形式是:
如果 p,那么 q。
q

所以,p。

的爱(substantive love)而只能想作情爱的伪装或花絮(elaboration)的那些人,倒泄露出个事实,他们从未有过一个友人。我们其余人都知道,尽管我们可以对同一个人,既产生情爱又产生友爱,但是,在某种意义上,再没有什么比友爱与情爱更相去甚远了。情人总是倾吐彼此的爱;友人差不多从不谈说他们的友爱。情人通常面对面,彼此沉浸;友人则是肩并肩,沉浸于某项共同志趣。尤其是,情爱(当它还在持续)必然只限于两人之间。而对于友爱,两人这个数目,远非必需,甚至也不是最好。个中原由,值得一说。

兰姆①曾在某个地方说过,三友人甲乙丙之中,要是甲去世,那么,乙不只失去了甲,而且失去了"丙身上的甲",丙也不只失去甲,而且失去"乙身上的甲"。在我的每位友人身上,总有些东西,唯有别的友人才能完全呈现出来。仅凭自己,我不足以让一个人展其全貌;我需要别的光束,照亮他的方方面面。查尔斯②已过世,我就再也看不到罗纳

---

① 兰姆(Charles Lamb,1775—1834),英国散文作家,评论家。笔名伊利亚,以《伊利亚随笔》闻名于世。
② 查尔斯·威廉斯(Charles Williams,1886—1945),路易斯挚友,"淡墨会"成员。

德①对独具卡洛琳风味笑话的反应了。查尔斯一走,我非但没更多地拥有罗纳德,没"独占"罗纳德,反倒失去了部分的罗纳德。因而,在一切爱中,友爱最无妒意。有第三者插足,两友人乐于第三者插足,三友人乐于第四方加入,只要插足者具备真正朋友之资质。他们那时会说,就像但丁笔下那些蒙福之灵魂(blessed souls)那般,"看哪,他会增加我们的仁爱"②。因为在友爱中,"分给不等于失去"③。当然,由于一见如故者(kindred souls)之稀缺——更不用说堂庑及声名大小之类现实考量——会给友人圈之扩大设限;不

---

① 指《魔戒》之作者 J. R. R. 托尔金(John Ronald Reuel Tolkien, 1892—1973),路易斯挚友,"淡墨会"成员。

② 原文是:"Here comes one who will augment our loves."语出但丁《神曲·天堂篇》第五章第 105 行。这是但丁随女神贝缇丽彩(Beatrice)飞升到天堂的水星天时,水星天的一千多名光灵对但丁所说的话。黄国彬译作:"看哪,他会增加我们的仁爱。"(但丁《神曲·天堂篇》,黄国彬译,外语教学与研究出版社,2009,第 57 页)黄国彬对这句话的注释是:"在天堂,爱的分量会随受爱者的数量增加,现在天堂多了个但丁,福灵就多了个施爱的对象,结果所施之爱也更多。"(同上,第 63 页)

③ 原文是:"to divide is not to take away."语出雪莱长诗《灵之灵》(*Epipsychidion*,亦译《心之灵》,1821)第 160—161 行:True Love in this differs from gold and clay, /That to divide is not to take away. /Love is like understanding, that grows bright, /Gazing on many truths. 江枫译作:"真正的爱在这一点上,不同于/黄金与泥土,分给不等于失去。/爱,就像智力,由于思考真知/增多而增长智慧。"(《雪莱抒情诗全集》,江枫译,湖南文艺出版社,1996,第 762—763 页)

过虽有这些限制,但我们对每位友人之拥有,都随着共同友人数目的加增,非但没减少,反倒增多了。在这一点上,友爱展现了与天堂本身的一种光辉的"肖似之接近"。在天堂,随着蒙福者(the blessed)之加增(没人能数得清),每个灵魂所分有的上帝的圣粮就越多。因为每个灵魂,以各自的方式瞧见圣容,无疑会给其他一切灵魂交流自己所见。有位古代作家说,以赛亚为何眼见撒拉弗们彼此呼喊"圣哉! 圣哉! 圣哉!"(《以赛亚书》六章 3 节),原因就在于此。分天国食粮的人越多,我们分得的就越多。①

因而依我看,同性恋论甚至说都说不通。这并不是说,友爱与变态情爱从未结合。特定文化于特定时期,仿佛往往有此沾染。在好战的社会中,我想,年长的勇士和他的年少卫兵或侍从的关系里,就特别容易渗入同性恋。无疑,这与你行军作战身边没有女人,有一些联系。可是,断定何处同性恋会渗入何处不渗入之时,倘若我们认为需要做断定或能够做断定的话,就必须确保,断定凭藉的是证据(倘若有证据的话),而不是凭藉

---

① 《老子·第八十一章》:"圣人不积,既以为人己愈有,既以与人己愈多。"

一个在先的理论。亲吻,泪水,拥抱,本身不是同性恋的证据。这样捕风捉影,未免太可笑。罗瑟迦拥抱贝奥武甫,①约翰逊拥抱鲍斯威尔②(千真万确的异性恋),还有塔西佗笔下那些白发苍苍身经百战的百夫长,在军团被打散之时,彼此紧紧拥抱,以求最后一吻③——这一切难道都是同性恋?假如你能相信这个,那你无论什么事都可以信了。放眼历史,需要做些特别解释的,不是先人对友爱之表露(the demonstrative gestures of Friendship),而是我们自己社会里这类表露之缺席。乱了脚步的是我们,不是他们。

【§11—16. 伙伴关系乃友爱之基体】

我说过,诸爱之中,友爱最非关生物学。无论个体还是群体,离开友爱,都能存活。不过,有一样常跟友爱相混淆的东西,群体确实需要;这样东西,虽非友爱,却是友爱之基

---

① 罗瑟迦(Hrothgar),古英语史诗《贝奥武甫》中的丹麦国王,贝奥武甫远渡重洋,来帮他除掉恶魔葛篆代。
② 包斯威尔(James Boswell,亦译"鲍斯威尔",1740—1795),英国著名文人约翰逊博士的苏格兰朋友,名著《约翰逊传》之作者。
③ 塔西佗(Tacitus,约 55—120),古罗马史学家,在罗马史学中的地位堪比修昔底德在希腊史学中的地位。路易斯所引典故,暂未找到出处。

体(the matrix of Friendship)。

在早期社会,男人,身为猎人或战士,其合作之必要,一点都不亚于生儿育女。一个部落,要是对这桩事不感兴趣,会跟对另一桩事不感兴趣的部落一样,也注定覆亡。早在有历史记载之前,男人们就离开妻子,聚在一起,共同做事。我们不得不然。喜欢做必须去做的事,这个特征具有生存价值(survival value)。我们不仅不得不做事,而且还不得不谈论这些事。我们不得不谋划狩猎与战斗。事后,我们不得不分析总结得失,以资将来借鉴。我们甚至乐此不疲。我们嘲笑或惩罚懦夫和笨蛋,称赞出色的人(star-performer)。我们着迷于技术细节。("他本该知道,风那样吹,他永远接近不了那兽。"……"你知道,我有个轻箭头;所以射中了。"……"我向来说——"……"这样扎,明白吗？照我这样握棍。"……)事实上,我们三句话不离本行。我们非常乐意彼此为伍:因彼此分享技艺,因共同面对危险和困难,因圈内秘传的笑话,我们这些勇士,我们这些猎人,远离女人和孩子,彼此捆绑在一起。恰如一个爱打趣的人所说,新石器时代的人,肩上可以扛个棍棒(club),也可以不扛个棍棒,但他必定扛着个另一种的棍棒

(club)。① 这棍棒,或许是他的宗教的一部分;就像那个神圣的烟社(smoking-club),梅尔维尔的小说《泰比》里的野蛮人每晚都去,在那里"异常惬意"。②

女人们那时在干什么呢?我怎应该知道?我是个男人,从未窥探善德女神③的秘密。她们往往必定有自己的例行公事(rituals),男人被排除在外。有时候,农业由她们操持。那时,她们必定和男人一样,有自己共同的技艺、劳苦和欢悦。不过,与男人伙伴关系的阳刚气相比,她们世界的阴柔气,或许并不特别明显。孩子们跟着她们;老人们或许也在那里。然而我只是猜测。友爱之史前史,我只能追溯男性一线。

男人们每天眼见彼此经受考验。乐于合作,乐于三句话不离本行,乐于相互尊重相互理解——这一快乐,具有生物学价值。假如你喜欢,你大可以认为,这是"群居本能"之

---

① 英文 club 有棍棒和俱乐部之意。这里一语双关,汉语表达不出来。
② 梅尔维尔(Melville,1819—1891),美国小说家,《白鲸》之作者。路易斯所引典故,见《泰比》(Typee)第 25 章,该书似无中译本行世。
③ 善德女神(Bona Dea),古罗马宗教中所崇奉的女神,她保佑土地肥沃,妇女生育。其庙宇完全由妇女掌管。

产物。可依我看,这样说仿佛是绕圈子,用有待解释的"本能"一词,①去解释我们都耳熟能详的事情——这些事,此刻正发生在成打的病房、酒吧、师生休息室、食堂和高尔夫俱乐部里。我更愿意称之为伙伴关系(Companionship),或同伙关系(Clubbableness)。

然而,这一伙伴关系,只是友爱之基质。尽管它常被称为友爱,尽管许多人谈起他们的"友人"时只是指"伙伴",但就我赋予友爱一词的意义而言,它还不是友爱。这样说,我无意贬低单纯的同伙关系。区分白银与黄金,我们可未贬低白银。

友爱发源于单纯的伙伴关系。当两三个伙伴发现,他们有某些共同的识见或兴趣,甚至趣味(taste),这些东西别人并不分有(share)。而且,就在那刻之前,他们还各自相信,都是自己的独特宝藏(或负担)。友爱之旅的典型表述差不多是这样:"什么?你也这样?我还以为就我一个呢!"可以想象,在远古的猎人和勇士中间,总有那么

---

① 路易斯《人之废》第二章:"本能只是我们不知其所以然的代名词(说候鸟凭借本能找到路,只是在说我们并不知道候鸟如何找到路)。"(邓军海译,华东师范大学出版社,2015,第44页)

一个人——百年一遇抑或千年一遇——看到了别人看不到的东西。① 他看到,鹿不只可食,而且美丽;狩猎不只必需,而且有趣;他梦见,他的神祇(gods)不只威严,而且神圣。② 可是,只要这些远见卓识之人(percipient persons)一个个零落,未找到知音(a kindred soul),(我就怀疑)什么果子都结不出;艺术或运动项目或属灵宗教(spiritual religion)就不会诞生。当两位此等之人邂逅相逢,当他们分享见识——无论分享起来多么困难,多么地难于启齿,也无论其分享速度在我们看来多么地迅捷——当此之时,友爱诞生了。顿时间,他们在无边的孤独之中,站在一起。③

---

① 《文心雕龙·知音》:"知音其难哉!音实难知,知实难逢。逢其知音,千载其一乎?"

② 西塞罗《论友谊》给友谊下了这样的定义:"我们之间的爱好、追求和观点上完全协调一致,这种协调一致乃是友谊的真正秘诀。"(西塞罗:《论老年 论友谊 论责任》,徐奕春译,商务印书馆,1998,第 51 页)"可以把友谊定义为:对有关人和神的一切问题的看法完全一致,并且相互之间有一种亲善和挚爱。"(同上,第 53 页)

③ 路易斯《痛苦的奥秘》第 10 章:"一切毕生难忘的友谊岂不都诞生于巧遇相知者的片刻么?终于有人对你生来就渴望的事情略表同情了(哪怕顶多是微弱、靠不住的了解)。在澎湃的渴望下和激情中片刻的安静里,你日以继夜、年复一年、从小孩到老年所寻找、所等待、所侧耳倾听的,就是那种事情。只是你从来未曾得着它。"(邓肇明译,香港:基督教文艺出版社,2001,第 143 页)

【§17—22. 情爱与友爱】

恋人们寻求的是小天地(privacy)。友人们,无论他们希望与否,总会发觉这份孤独,他们和群人之间的这个藩篱。这份孤独能减却一分,他们会高兴一分。为首的两位友人,会乐于找到第三位友人。

在我们的时代,友爱之诞生方式也是一样。当然对我们来说,友爱由之而发的协同行动以及伙伴关系,常常不像狩猎或战斗那样可触(bodily)。它或可以是共同的宗教,共同的研究,共同的职业,甚或是共同的休闲。那些与我们共享着它的人,会成为我们的伙伴;不过除此之外,一两个或两三个跟我们共享更多东西的人,则会成为我们的友人。在这种爱中,恰如爱默生所说,"你爱我吗?"的意思是"你看见同一个真理了吗?"①——或者至少意味着,"你是否在意同一真理?"某问题虽被他人看小,有人却跟我们一致认为,此问题事关重大,此人会成为我们的友人。至于答案,他则无须跟我们保持一致。②

---

① 语出爱默生随笔集《代表人物》第三篇《神秘主义者斯维登堡》,见《爱默生文集》(赵一凡 等译,三联书店,1993)第748—749页。
② 《论语·子路第十三》:"君子和而不同,小人同而不和。"路易斯在《惊喜之旅》(*Surprised by Joy*)第13章第4段曾论及两种(转下注)

注意,友爱是在一个更为个体更少社会必需的层面上,复现了作为其基质的伙伴关系之特性。伙伴关系在那些共同做事之人的中间——狩猎,研究,画画,抑或随便什么事。友人们仍将共同做事,不过,所做之事更内在,鲜为人赏,更难界定;仍是猎人,不过,关乎某些非物质的猎物;仍旧共事,不过所共之事,俗世不以为然,或尚且不以为然;仍是旅伴,不过所踏旅途种类不同。① 因而在画面上,恋人是面对

(接上页注)朋友:第一种朋友是"另一个你"(alter ego),他超乎你期望地与你共享着最隐秘的乐趣,第一个让你觉着自己在世上并非形单影只。你不必先克服什么,就能让他成为你的朋友;他和你像窗玻璃上的雨珠般交融。而另一种朋友,事事与你意见相左。他与其说是"另一个你"(alter ego),不如说是"非你"(anti-self)。他当然与你志趣相投,否则他根本就无法成为你的朋友。但是他处理志趣的角度却跟你不同。你喜欢的书,他也喜欢读,但是撷自每本书的心得却与你相异。这就好比他说着你的话,但却发音不同。他怎么可能这样与你相合,又这样无可改变地与你相逆?他就像女人般地令你心醉(又令你气愤)。正当你着手要校正他的异端邪说,你却发觉,他已经动了真格,正决定来校正你呢!你于是接招,全力以赴,直至深夜,夜以继夜,或行经美丽乡野俩人都顾不上瞧一眼,每方都领教了对方攻击的力量,经常更像是相互尊重的敌人而不像是朋友。事实是(尽管当时从来看不出),你们彼此修正了思想;在这样无休无止的缠斗中,出现了一个心灵共同体和一股深情。(华东师范大学出版社,2018)

① 《论语·子罕第九》:"可与共学,未可与适道;可与适道,未可与立;可与立,未可与权。"朱熹集注:可与者,言其可与共为此事也。程子曰:"可与共学,知所以求之也。可与适道,知所往也。可与立者,笃志固执而不变也。权,称锤也,所以称物而知轻重者也。可与权,谓能权轻重,使合义也。"杨氏曰:"知为己,则可与共学矣。学足以明善,然后可与适道。信道笃,然后可与立。知时措之宜,然后可与权。"

面,友人则是肩并肩,共视前方。

只"想望朋友"的那些可怜人,永远交不到朋友,其原因就在于此。有朋友的前提条件恰恰是,我们在想望朋友之外,应想望别的事情。对于"你看见同一个真理了吗"的问题,倘若其真实答案就是,"我啥也没看到,我并不在意真理,我只想要个朋友",那么就不会产生友爱——当然啦,亲爱或许会产生。因为,这里友爱无所附丽。友爱必须有所附丽,哪怕所附丽者只是对多米诺骨牌或白鼠之热情。一无所有之人,没什么可供分享;足不出户之人,不会有旅伴。

两位异性发现他们走在同一条隐秘道路上,当此之时,他们之间萌生的友爱,会很容易——或许就在半小时内——转变为情爱。的确,除非他们生理上相互排斥,或者除非他们各自或有一个已经另有所爱,否则,友爱转变为情爱几乎是板上钉钉,只不过时间或迟或早而已。反过来,情爱也可以在恋人中间发展出友爱。只不过这一点,与其说是抹杀了两种爱之分际,不如说是令其分际更明晰。假如一个人起初是你的地地道道的友人,后来或渐或速,显明还是你的爱人,那么,你定然不想与任何第三者共享爱人的情爱。而关于分享友爱，你则毫无妒意。发现情人也能够打心底里真正且自发地跟你的友人产生友爱，感觉到你俩不只由情爱维系着，而且你们三五人还都是同道，有着共同见地——再没有什么能比这更滋养情爱的了。

友爱与情爱之共存，或许有助于一些现代人认识到，友爱确实是一种爱，甚至是和情爱一样伟大的爱。假定你足够幸运，与一位友人"坠入爱河"，跟她成婚。再假定有两种未来，供你选择："要么你停止作情人，永远作共同的追寻者，追寻共同的神，共同的美，共同的真理；要么，舍弃这一切追寻，有生之年，保持情爱的狂喜和激情，情爱的全部奇妙及野性欲望。你随便挑。"你该选哪个？选了哪个，我们又不会后悔？

【§23—28. 友爱之"非必需"】

我强调过友爱的"非必需"的特性。这一点，当然需要做更进一步的辨正。

有人会论辩说，友爱对共同体有实际价值（practical value）。每个文明的宗教，都发端于一个小小的朋友圈。在古希腊，几位友人聚在一起，谈论数、线和角，数学实际上就发了端。① 如今之皇家学会,起初是几个绅士,闲暇之时碰面,讨论他们热衷之事(其他大多数人则并不热衷)。我们现在所谓的"浪漫主义运动",一度曾是,华兹华斯先生和柯勒律治先生连续不断(至少柯勒律治先生如此)谈说自己的私人见地(a secret vision)。共产主义,单张运动②,循道宗(Methodism)③,废奴运动,宗教改革,文艺复兴,或许可以不太夸张地说,以同一方式发端。

这样说,不无道理。只不过,差不多每位读者大概都会想到,这些运动,有些对社会有益,有些有害。假如照单全

---

① 我们耳熟但未必能详的"辩证法",其本意原指对话、辩难:"它本来的意思很单纯,就是对话的方法或艺术。我们知道希腊哲人有一种同其它民族圣贤不大一样的特色,那就是他们的智慧从来都不是用'一个人说了算'的方式,而是在一种自由论辩的进程中表现和形成的。苏格拉底的探求就是这种对话的生动典型,所以它的方法和逻辑也就是'对话法—辩证法'。"(杨适《古希腊哲学探本》,商务印书馆,2003,第 100 页)罗念生译亚里士多德《修辞学》第一条脚注,析之更详。

② 卢龙光主编《基督教圣经与神学词典》(宗教文化出版社,2007)"Tractarianism"(单张运动)辞条:"19 世纪中叶英国高派教会推动的牛津运动(Oxford movement)的早期阶段名称,源于当时运动领袖出版的一连串针对教会问题的单张或册子。"

③ 卢龙光主编《基督教圣经与神学词典》(宗教文化出版社,2007)"Methodism"(循道公会;卫理公会;循道卫理宗)辞条:"基督教派别之一,源于 1739 年由英国圣公会牧师约翰·卫斯理(J. Wesley)发起的复兴运动,1795 年发展成为独立团体。循道宗运动发展甚快,遍传英国及美洲。19 至 20 世纪循道宗曾经因教义问题而引致内部分裂,后来部分和解统一,现在全世界约有 2500 万名会友。"

收,往往就会表明,友爱对共同体,充其量既是个可能之恩主(benefactor),又是个可能之威胁。即便是个恩主,它所具有的也不是生存价值(survival value),而是我们可称作的"文明价值"(civilisation-value)的东西;(用亚里士多德的话来说)它是那种有助于共同体生活得好(to live well),而不是有助于其活着(live)的东西。① 在有些阶段及环境里,生存价值与文明价值会重合,但并非总是重合。几乎完全可以确定,当友爱结出社会可用之果,那也是出于偶然,是一个副产品。出于某种社会目标而设计的宗教,诸如罗马的皇帝崇拜(emperor-worship),或将基督信仰当作"拯救文明"之手段加以"兜售"的现代企图,都没啥结果。② 转面

---

① 见《尼各马可伦理学》卷一第4章。
② 路易斯《魔鬼家书》第7章,藉大鬼 Screwtape 之口说,魔鬼引诱信徒的一大策略就是,让他将基督信仰当作拯救文明的一种手段:"一旦你让他把世界(the World)当成终极目标(end),把信仰看成是达到目标的手段(means),那个人几乎就归你了,至于他追求的是哪种世俗目标,倒并没有太大差别。"(况志琼、李安琴译,华东师范大学出版社,2010,第30页)在第23章,大鬼教导小鬼引诱人类:"我们真的很希望人们把基督教当成一种手段;当然,最好是将其当做是他们自己升官发财的手段,倘若不成,就要使他们把基督教信仰当做达成任何一个目的的手段——甚至以社会公正为目标也无妨。……那些想要利用复兴信仰来建立一个好社会的人或国家,简直就是缘木求鱼,他们没准还以为自己可以用通往天堂的梯子搭出一条捷径,直达最近的一家杂货店呢。"(况志琼、李安琴译,华东师范大学出版社,2010,第91页)

不理"俗世"的那一小撮友人,才是真正改变俗世之人。①埃及和巴比伦的数学,既实际又关注社会,在农事和祭祀中加以探究;而自由的希腊数学,则由友人们当作消遣加以探究,于我们才更为重要。

还有人会说,友爱极其有用,或许对个体之生存必不可少。他们会摆出大量权威证词:"身后无兄无弟,腹背受敌";②"有一朋友,比弟兄更亲密"③。只不过这样说,我们

---

① 这一现象,用中国古语来说,就是"无为而无不为",就是"超以象外得其环中"。用朱光潜先生的话来说,就是"以出世的精神做入世的事业"。路易斯《返璞归真》卷三第 10 章里说,现代人往往将基督教之向往天国(continual looking forward to an eternal world)理解为逃避(escapism)、理解为痴心妄想(wishful thinking)。路易斯指出,只有向往彼岸,才能成就此岸:

读一读历史你就会发现,那些对这个世界贡献最大的基督徒恰恰是那些最关注来世的基督徒。……自大部分基督徒不再关注彼岸世界之后,基督徒对此岸世界的作用才大大地减少。旨在天国,尘世就会被"附带赠送"给你,旨在尘世,两样都会一无所得。……拥有健康是巨大的福分,但一旦将健康作为自己直接追求的主要目标,你就开始变成一个怪人,总怀疑自己患了什么病。只有将重心转移到其他事情,如食物、运动、工作、娱乐、空气上,你才有可能获得健康。同样,只要我们将文明作为主要目标,我们就永远挽救不了文明。我们必须学会对其他事物有更多的渴望。(汪咏梅译,华东师范大学出版社,2007,第 136—137 页)

② 原文是:"bare is back without brother behind it."语出英国作家 E. R. 艾迪生(Eric Rucker Eddison,1882—1945)的古典奇幻小说《奥伯伦巨龙》(*The Worm Ouroboros*,1922)第 2 章。

③ 原文是:"there is a friend that sticketh closer than a brother."语出《圣经·箴言》十八章 24 节:"滥交朋友的,自取败坏。但有一朋友,比弟兄更亲密。"

是用"朋友"一词来指"盟友"。在普通用法中,"朋友"一词之意涵,不止于此,或不应止于此。一位朋友,说实话,当同盟关系成为必需,也会表明自己就是个盟友;我们身陷穷困,他会慷慨解囊;我们卧病在床,他会端茶倒水;我们腹背受敌,他会拔刀相助;会竭尽所能照顾孤儿寡母。可是,这类善举(good offices)并非友爱之实质(the stuff of Friendship)。这类善举之场合,几乎是意外。它们一方面与友爱相关,另一方面则不相关。相关,是因每当有此需求,你若不作出这些善举,你就是个假朋友;不相关,则是因为恩主之角色,相对于朋友之角色,总是个偶然,甚至有点生分(a little alien)。这几乎有些尴尬(It is almost embarrassing)。因为友爱,全然摆脱了亲爱的被需之需要(Affection's need to be needed)。馈赠、借贷或夜间陪护竟成为必需,为此我们心中有愧——现在,看在老天份上,且忘了这一切,重新回到我们真的想要一起去做或一起去谈的事情上来。即便是感激(gratitude),也不会滋养这种爱。"不用提了",这个老生常谈,在此却表达了我们的真实感受。完全之友爱的标志,不是拮据困苦之时应给予帮助(当然要帮助了),而是给予帮助之后,于友爱毫无影响。那只是旁逸斜出,是个非常时刻。对我们总是太过短暂的相处时间,那是个可怕浪费。我们或许只有两三个小时的交谈时间,可20分钟已经舍在了"急务"上面!

因为,我们一点不想知道友人的私事。跟情爱不同,友爱不打探(uninquisitive)。你成为某人的朋友,无需知晓或无需在意他已婚还是单身,无论他如何谋生。所有这些"无关之事,事实问题"①,与"你看见同一个真理了吗"这个实质问题,有何相干? 在一个真正的朋友圈里,每个人都只是其所是:什么都不代表,只代表自己。关于随便哪个人的家庭、职业、阶级、收入、种族或经历,没人花两毛钱的注意。当然,你最终会知晓这些事的绝大部分。不过,是逐渐知晓。它们是一点一点透出来的,只是为了举个例子或打个比方,只是作为轶事趣闻的根据,从来不是为了它们自身。这就是友爱的高贵之处。我们相逢,就像独立王国的尊贵王子,处身国外,立场中立,脱离背景。这种爱(本质上)不但无视我们的肉体,而且无视我们所体现的一切,包括家

---

① 原文是:"unconcerning things, matters of fact"。语出约翰·但恩(John Donne,1572—1631)的玄言诗"Of the Progresse of the Soule"(1612)第285行。

庭、职业、过去及社会关系。在家里,除了身为彼得或简,我们还背负一个一般角色(general character);丈夫或妻子,兄弟或姐妹,长辈、平辈或晚辈。在朋友中间,我们不是这样。友爱关乎没有羁绊的无牵无挂的心灵。情爱会拥有赤裸之身体,友爱则会拥有赤裸之人格。①

因而(但愿你不会误解我)就有了这种爱的极端率性(arbitrariness)和洒脱(irresponsibility)。我没义务成为任何人的朋友,这个世界上也没人有义务成为我的朋友。友爱里没有要求,也没有丝毫的必然性(No claims, no shadow of necessity)。就像哲学,就像艺术,就像宇宙本身(因为神并无创世之需要),友爱并非必需。它并无生存价值(survival value);毋宁说,它是赋予生存以价值的事物之一。

【§29—30. 友爱与欣赏之爱】

当我说友人是肩并肩时,我指的是我们所绘画面上,友人间的姿态和爱侣面对面的姿态之间的一个必要的对比。除此对比而外,我不想强调这个形象。维系友人的共同追

---

① 原文为:"Eros will have naked bodies; Friendship naked personalities."

寻或见识,并未使他们沉浸其中,以至于彼此无视或彼此遗忘。相反,共同的追寻或见识,正是他们相互之爱及相互理解存于其中的介质。我们深知之人,非"同伴"(fellow)莫属。共同的旅程,每一步都在考验他的心志(metal);这些考验为我们所熟谙,因为我们自己正在亲历。因而,当他一次次经受住考验,我们的信赖,尊敬,钦佩,就成长为一种坚定不移知根知底的欣赏之爱了。若一开始,我们留意他较多,留意友爱"所关"之事较少,我们就不会知他爱他如此之深。盯着他的眼睛看,像盯着心上人那般,你就不会发现这个勇士,这个诗人,这个哲学家或这个基督徒。最好跟他并肩作战,跟他一道读书,跟他辩论,跟他一起祈祷。

在完满的友爱之中,这种欣赏之爱,我想,常常如此巨大,如此牢固,以至于朋友圈的每个成员都打心底里,在其他一切成员面前感到谦卑。有时候,他会纳闷,他在胜于己者中间都在做些什么。有这等人陪伴,他感到无比幸运。尤其是当全体列席,每个成员都展露其最卓著、最聪慧、最风趣的一面之时。这都是人间胜境(golden sessions):我们四五个人,跋涉一整天,回到客栈;我们穿上睡衣,伸展双腿烤火,烧酒就在手边;我们漫步,整个世界,以及这个世界之外的某些事物,向我们的心灵敞开自身。当此之时,没人对他人有要求,也没人对他人有义务,我们自由而平等,仿佛只是一个时辰之前初次相逢,同时又被某种酝酿多年的亲情所挟裹。生命——自然生命——之馈赠,无过于此。面对此馈赠,谁配?①

【§31—37. 男女平等与友爱】

从前文所说可清楚见出,绝大多数社会的绝大多数时期,友爱都在男人与男人或女人与女人中间。异性,会在亲爱及情爱中遭遇彼此,而不是在友爱里。这是因为,作为友爱之基质的伙伴关系,异性之间付诸阙如,他们很少共同行动。男人们受教育而女人们未受,一个性别劳作另一性别却无所事事,或者两性从事着截然不同的劳动,当此之地,他们通常就没有所共之事,以结为友人。不过我们也容易

---

① 《论语·先进》:"莫春者,春服既成,冠者五六人,童子六七人,浴乎沂,风乎舞雩,咏而归。"1944年,路易斯已经相当出名,名声可能来自《魔鬼家书》。美国的麦克米伦公司,要他写一篇简短自传,附在著作里。于是路易斯就写了一篇三四百字的小传,其结尾说:"我最快乐的时光是身穿旧衣与三五好友徒步行走并且在小酒馆里过夜——要不然就是在某人的学院房间里坐到凌晨时分,就着啤酒、茶,抽着烟斗胡说八道,谈论诗歌、神学和玄学。我最喜欢的声音莫过于成年男子的大笑声。"(艾伦·雅各布斯《纳尼亚人:C. S. 路易斯的生活与想象》,郑须弥译,华东师范大学出版社,2014,第7页)

看到，排除两性之友爱的，正是所共之事之缺失，而非他们本性中的什么东西；因为在能结为伙伴的地方，他们也会成为友人。因此，在男人和女人并肩工作的某个职位（比如我自己的职位）上，在战场上，或在作家和艺术家中间，两性之友爱屡见不鲜。诚然，一方奉上的友爱，或许会被另一方误认为情爱，结果令人心伤且尴尬。或者，双方起始奉上的友爱，会变为情爱（Eros）。不过，说某事物会被误认为或转化成另一事物，并未否认二者之别。毋宁说，这就隐含着二者之别；否则的话，我们也不会说"误认为"或"转化为"了。

从某方面讲，我们自己的社会是不幸的。在男人女人没有共同劳作亦无共同教育的世界里，他们大概倒能相安无事。其中，男人们转向彼此寻求友爱，而且仅仅转向彼此，他们以此为乐。我想，女人们也同样乐享她们的女性友人。反过来，一个世界，所有男人和女人都有充足的共同基础发展这种关系，此世界也令人惬意。然而当前，我们两头落空。那个必要的共同基底，那个基质，在一些群体里的男女两性之间存在，在一些群体里则不存在。在许多市郊居住区里，这一匮乏尤为显著。在富豪居住区，男人终其一生都在赚钱，至少有一些女人则把她们的时间用在音乐或文学上,过着一种知性生活。在这等地方,男人出现在女人中间,就像野蛮人现身文明人中间。在另一个居住区,你则会发现情况倒了个个。两性的确都"上过学"。不过,由于男人受过远为严格的教育,他们成了医生、律师、牧师、建筑师、工程师或文人。女人相对于他们,恰如儿童之于成人。在这两种居住区里,两性之间的真正友爱,根本就没可能。尽管有此匮乏,只不过,假如得到承认并被接受,还尚可忍受。我们自己时代的独有麻烦在于,处此境地的男人女人,时时风闻那些个并不存在两性鸿沟的更为幸福的人群,为之心往神驰;还饱受这一平等观之蛊惑,认为一些人的可能之事应当是(因而也就是)一切人的可能之事。他们拒绝随遇而安。这样一来,一方面,我们有了个学者范的妻子,"高雅的"女人,她总是力图将丈夫提高"到自己的水平"。她拉他去音乐会,喜欢他去学莫里斯舞①,邀请"高雅"之士来家。奇怪的是,这倒为害不大。中年男子的被动抵抗能力以及(要是她知道的话)纵容能力,超强;"女人吗,总会心血来潮。"当格调高雅的是男人而非女人,而且所有女人以及

---

① 莫里斯舞(morris-dancing):英国民间舞蹈,舞者通常为男子,身上系铃,扮作传说中的人物。

许多男人都索性拒不承认这一事实,当此之时,某些很不愉快的事情就会发生。

发生这种事时,我们就得到了一种好心的、礼貌的、煞费苦心的、可怜的伪装。女人们(就像律师所说的那样)被"视为"男人圈里不折不扣的成员。在头脑简单之人看来,女人们如今跟男人一样抽烟喝酒,这个事实——尽管这事实本身并不重要——就是个证据,证明她们确实是其中一员。男子聚会(stag-parties),概不容许。无论男人相聚何处,女人也必须列席。男人们已经学会生活于观念之中(live among ideas)。他们懂得讨论、证据及例证。一个只受过学校教育的女人,只沾染的那一点点"文化",婚后立即弃若敝屣——她的阅读限于女性杂志,谈话几乎全是叙事——就无法真正进入这个圈子。从地理位置和身体角度,她跟这个圈子同处一室。那又能如何?要是男人们刻薄寡恩,她就只能百无聊赖,呆坐一旁,听着对她毫无意义的谈话。要是他们是翩翩君子,当然就会力图领她加入。给她解释这解释那:他们力图提升她那极离题又蠢笨的言论,说有点意思。这些努力,很快就宣告失败;而且碍于情面,本该是真正讨论的东西,就被处心积虑地加以稀释,最终消失在闲言碎语及插科打诨之中。她之列席，于是乎恰巧毁掉了带她来分享的那个东西。她终究无法进入圈内，乃是因为当她进入之时，圈子已面目全非——恰如当你抵达之时，地平线不复是地平线。学着抽烟喝酒，或许还有讲黄段子，跟老祖母相比，她与男人之差距没拉近多少。而老祖母却远比她幸福，远比她现实。老祖母呆在家里，跟其他女人谈些真正属于女人的家常话，或许谈得妙趣横生，甚至还不乏睿智。她本人也有能力像老祖母这样。跟那些男人相比，即她毁掉了他们之夜晚的那些男人，她一样地聪明，甚至更其聪明。只不过，她真正感兴趣的事物不一样，擅长的方法也不一样。（对毫不在乎的事情，装出感兴趣，我们所有人都掩不住蠢相）。①

---

① 路易斯在《现代人及其思想范畴》(Modern Man and his Categories of Thought)一文中曾说，女性解放造成了现代思想的形而上学低能，切断了我们与永恒的联系：

社会生活中的一个决定因素就是，一般说来（亦有数不清的个人例外），男人喜欢男人，胜过女人喜欢女人。因此，女人越是自由，清一色的男人聚会就越少。绝大多数男人，一经自由，往往退回到同性人群；绝大多数女人，一经自由，回到同性人群的频率相对较少。现代社会生活，比起以往，越来越是两性杂处。这可能有很多好结果，但也有一个坏结果。显而易见，它大大减少了年青人中围绕抽象观念的严肃论辩。年青雄鸟在年青雌鸟面前，必然（大自然执意要求）展示其羽毛。任何（转下页注）

这类女人的成批涌现,有助于解释对友爱的现代轻蔑。她们经常大获全胜。她们使男性之伙伴关系,因而也使得男性之友爱,在街坊绝迹。在她们了解的唯一世界里,无休无止的瞎扯"嬉笑",代替了心灵的碰撞交流。女人在场,所有男人都有了娘娘腔。

打败友爱的这种胜利,通常是无心插柳。然而,还有另一种更好斗的女人所策划的胜利。我曾听有人说,"永远不要让俩男人坐一块,否则,他们就会扯起某些话题(*subject*),这就一点都不好玩了。"她的意思,再明白不过。想尽一切办法交谈;谈得越多,越好。让男人口若悬河,可是拜托,不要有个话题。交谈一定不能关乎任何事情。

(接上页注)两性杂处群体,于是就成为机敏、玩笑、嘲谑、奇闻的展示场。真是应有尽有,只是没有关于终极问题的持久而又激烈的讨论,也没有这种讨论得以产生的诤友。于是,学生人数众多,形而上学低能。现在讨论的唯一严肃问题,都是那些看起来具有"实践"意义("practical" importance)的问题(即心理和社会问题)。因为这些问题,满足了女性之讲求实际和喜欢具体。毫无疑问,这是她的荣耀,也是她对人类共同智慧(common wisdom)的特有贡献。但是,男性心灵(masculine mind)的特有荣耀则是,为了真理而无功利地关心真理,关心宇宙与形而上学。这一荣耀受到伤害。于是,就像前一变迁让我们自绝于过去(cut us off from the past),这一变迁则让我们自绝于永恒(cut us off from the eternal)。我们更加孤立,我们被迫局于当下与日常。(见路易斯《切今之事》,邓军海译,华东师范大学出版社,2015,第101—102页)

这位快乐的太太——活泼、多才多艺、"迷人"而又令人不堪忍受的讨厌家伙——只寻求每晚之乐趣,让聚会"照常进行"。而针对友爱有意发动的战争,会在一个更深的层面打响。战场上的那些个女人,满怀憎恨、嫉妒及恐惧,将友爱视为情爱之敌,或许还更进一步,视为亲爱之敌。这类女人,有百般武艺,摧毁丈夫的友爱。她会亲自披挂上阵,跟他的友人们吵闹,甚至更高明,跟他们的妻子吵闹。她会嘲讽,打断,撒谎。她认识不到,要将丈夫从他的同伙中成功孤立出来,丈夫也就成了不大值得拥有的丈夫了;她阉割了他。她自己将会觉得他丢人。她也不记得,在她无法监视的地方,他会怎样生活。新的友爱还会迸发(break out),只不过这一次,却是秘密的。要是没有很快产生别的秘密,她运气就算不错了,不错得超乎她所应得。

当然,这都是些蠢女人。聪明女人,要是她们想的话,当然能够使自己具备进入讨论及观念世界的资质。若不具备此资质,她们也从不会费劲巴拉地跨进这世界,并将之摧毁。她们另有要紧事。在男女杂坐的聚会上,她们坐在房间角落,彼此谈些女人们的贴心话。就此而论,她们之不需要我们,恰如我们之不需要她们。只有每个性别中的没教养的(riff-raff),才想着要无休无止地缠着对方。待人宽,人亦待己宽。她们常嘲笑我们。这都在情理之中。两性之间没有真正的共同活动,只能在亲爱和情爱中遭遇彼此,就无法成为友人。当此之地,每个性别对对方的荒唐处,感觉敏锐,这是件健康事。说实在的,一直是件健康事。假如不会时而感到对方之可笑,便没人会真正欣赏异性,恰如没人会真正欣赏儿童或动物。因为,两性都可笑。人性悲怆而又滑稽(tragic-comical);不过分为男女二性,使得每一性别能够在异性身上看到,经常逃脱自己眼睛的可笑之处,以及悲怆之处。

【§38—42. 最为属灵之友爱,却屡遭怀疑】

我已敬告列位,本章大多是为友爱平反(rehabilitation)。想必前文已经说清,先贤将友爱看作某种可将我们提升至人性之上的东西,至少依我看,为何不足为奇。这种爱,摆脱了本能,摆脱了一切义务(除了这种爱自愿承当的义务),几乎全然摆脱了嫉妒,而且彻底摆脱了被需之需要(the need to be needed)。这种爱,明显地属灵(spiritual)。可以想见,这是天使间的一种爱。那么,我们是否找到了一种就是爱本身(Love itself)的天性之爱(natural love)?

急着下这类结论之前,请当心"属灵"(spiritual)一词的歧义。在新约中,"属灵"一词在多处都意指"与(圣)灵相称"。在此语境下,顾名思义,"属灵"就是善。可是,当"属灵"只被用作肉体的、本能的或动物的反义词时,就不是善了。① 既有属灵之善,亦有属灵之恶。既有神圣之天使,也有不神圣之天使。人最大的罪,是属灵之罪。② 我们切莫以为,发现友爱是属灵的,就等于发现它本身之神圣或不犯错。有三桩重要事实,有待纳入考量。

第一桩,已经提过了,就是上司对属下之间的亲密友爱往往不放心。这或许没道理;或许还不无根据。

---

① 后一义,即现代汉语里所说的"精神"。路易斯在《战时求学》一文里,也区分了英文 spiritual 这两个大相径庭的意思:"我则要拒斥萦荡在某些现代人心灵中的这一观点,即文化活动凭其自身(in their own right)就属灵(spiritual),就功德无量(meritorious)——跟清道夫和擦鞋童相比,仿佛学者及诗人内在地更讨神喜悦。我想,正是马修·阿诺德首次在德语 geistlich(精神)的意义上使用英语里的 spiritual(属灵)一词,并因而成了这一最危险最反基督的错误的始作俑者。"(见拙译路易斯《荣耀之重》,华东师范大学出版社,2016,第47—48页)

② 指骄傲。路易斯《魔鬼家书》第24章:"诸罪中最为强大和美丽的那一种罪——属灵骄傲。"(况志琼、李安琴译,华东师范大学出版社,2010,第94页)路易斯《返璞归真》卷三第8章:"按照基督教导师的教导,最根本的罪、最大的恶就是骄傲,与之相比,不贞、愤怒、贪婪、醉酒都是小罪。魔鬼因为骄傲才变成了魔鬼,骄傲导致一切其他的罪,是彻底与上帝为敌的一种心态。"(汪咏梅译,华东师范大学出版社,2007,第125—126页)

第二桩,则是大多数人对一切密友圈所持的态度。他们给这等圈子所安的一切名称,都或多或少是贬义的。最好听的名称,是"一伙"。没被称作"一小撮"、"一帮人"、"开小会"或"狼狈为奸",就算走运了。那些终其一生只知道亲爱、伙伴关系和情爱的人,怀疑友爱就是"自视甚高目中无人"。当然,这是出于嫉妒。可是,嫉妒通常会道出她所能想出的最真实的指控,或最接近真相的指控;这就更为伤人了。因而,我们将不得不考虑这一指控。

最后,我们必须注意,圣经再现上帝与人之间的爱,很少用友爱作为意象。不是全然没看到,而是在寻求至爱之象征时,圣经一次次略过了这一差不多像是天使般的关系,一头扎进最自然天生最本能的爱的深渊。再现上帝为父,取亲爱之意象;再现基督为教会之新郎,取情爱之意象。

【§43—46. 友爱:美德之学校,恶德之温床】

我们先看看上司对属下友爱之疑虑。我想,这疑虑不是空穴来风。考虑其根据所在,会令某些重要事体大白于天下。我说过,友爱诞生于这样一个当儿,一个人对另一个人说,"怎么!你也这样?我还以为就我一个……"可是,这样所发现的趣味相投或所见略同,并不总是值得一表。在这等时刻,艺术或哲学或由此发端,宗教或道德或由此精进;可是,为何就不会是折磨、同类相食或活人献祭呢?这等时刻的含混本性,我们绝大多数人年青时总该体验过吧?第一次遇见有个人,在意我们心仪的诗歌,那是何等奇妙。以前难以把捉的东西,此时,眉目清晰;以前曾遮遮掩掩的东西,如今,我们则坦然承认。可是,首次碰见有个人,跟我们共享着某桩鬼祟(secret evil),那兴致也不差分毫。这桩鬼祟,同样也会变得更可触摸,更为明晰;我们同样也不再为之遮遮掩掩。即便现在,无论在什么年纪,我们都知道共同的恨或怨的魅力。(在大学里,唯一一位确实看到学监毛病的人,你很难不将其引为知音。)

孤零零地处于并无同感的伙伴中间,某些观点及标尺,我总会怯于持有,羞于承认,对其终究是否正确心存疑虑。放我回到友人中间,同样是这些观点和标尺,不出半小时——不出十分钟——就再一次变得无可置辩。这个小圈子的意见,当我身在圈内,就压过了圈外千万人的意见:随友爱之笃厚,即便友人远在天边,也会如此。因为,我们都期望评断人是我们的同道(our peers),是"同心同德"之人。只有他们才真正了解我们的心,只有他们才用我们满心承认的标尺来作评断。他们的赞誉,我们垂涎;他们的责备,我们惧怕。早期基督徒的命脉,之所以存活下来,乃因为他们只在意"弟兄姊妹们"的爱,而对周遭异教社会的意见,充耳不闻。不过,犯罪团伙、狂热分子或变态狂之所以存活下来,恰是同一路数;凭藉的也是,对外部世界的意见充耳不闻,将之贬斥为外人的闲言碎语,那些人"不懂","保守",是"资产阶级",是"体制中人",是道学先生,假正经,骗子。

因而,上司对友爱为何皱眉,就容易明白了。任何真正的友爱,都是一种分立(secession),甚至是一种反抗(rebellion)。它可以是严肃思想家的反抗,反抗众口一声的夸夸其谈;也可以是时髦人的反抗,反抗众口一声的是非分明。可以是真正的艺术家反抗流俗之丑,也可以是江湖骗子反抗文明趣味;可以是善人反抗社会之恶,也可以是恶人反抗社会之善。无论哪一种,上层都不欢迎。在每一堆朋友中间,都有个帮派的"公共舆论"(a sectional "public opinion"),武装其成员,对抗社会的公共舆论。因而,每一堆朋友都是个小小的潜在抵抗力量。有挚友的人,不大容易驾驭或"收买";好上司难以纠正,坏上司难以败坏。这样说来,假如我们的官长,或藉武力,或藉宣传"团结",或藉不声不响地让隐私及随兴之休闲变得没了可能,成功制造了一个所有人都是同伴但没人是朋友的世界,那么,他们既消除了某些危险,也将我们赖以对抗彻底奴役的差不多最强的堡垒,给端掉了。

但这些危险,却是确确实实。友爱(如古人所见),能够成为美德之学校;不过(如古人所未见),也是恶德之温床。它模棱两可。它令好人更好,坏人更坏。申述这一点,定是浪费时间。我们关心的,不是细数不良友爱之不端,而是对良善友爱之可能危险心存警惕。这种爱,恰如别的天性之爱(natural loves),某些发病倾向,天生本有。

【§47—56.良善友爱亦有病灶:骄傲】

自成一格,(至少在某些事情上)对外界声音漠然置之或充耳不闻,显然是一切友爱的共通处,无论此友爱是好是坏,抑或无伤大雅。即便友爱的基底,其重大超不过集邮,千万人认为这是蠢事一桩,百千人只是浅尝辄止,这个圈子也会无视他们的看法。理所当然地无视,不可避免地无视。气象学的奠基人,无视仍将暴风雨归咎于巫婆的千万人之看法,理所应当,也无可避免。这其中并无冒犯。既然我知道,对于高尔夫球手、数学家或飙车族,我应是个圈外人。因而我也宣告,我同样有权视他们为我的圈外人。彼此厌弃,碰面应少;彼此感兴趣,谋面应多。

危险在于,这一局部的漠然或充耳不闻,尽管正当而又必需,却或许会导向全方位的漠然或充耳不闻。这方面的最引人瞩目的例证,不在朋友圈,而在神权阶级或贵族阶级中间。我们都知道,在基督的时代,祭司们对普通人作何想。在傅华萨(Froissart)的《闻见录》①里,骑士们对"外人"、乡下人或农民,既无同情,也无怜悯。然而,这一令人发指的漠然,恰好与某种好品质紧密交织。这些人,在自己人中间,对勇气(valour)、慷慨(generosity)、礼节(courtesy)和荣誉(honour),确实有很高的标准。对这一标准,谨小慎微一毛不拔的乡下人会认为只是愚蠢。骑士们,坚持这些标准时,总是而且不得不对乡下人的看法全然不理不睬。对乡下人的想法,骑士们"不屑一顾"(didn't

---

① 让·傅华萨(Jean Froissart,1337—1405),法国中世纪编年史家、神父,著有《闻见录》(*Chronicles*)。该著不同于当时盛行的基督教史学,用大量篇幅和生动笔触,记述了1326—1400年间骑士时代西欧的社会风情和骑士们行侠仗义的事迹,还有百年战争的场面。

give a damn)。要是他们顾及了,我们今天的标准就会比现在更低劣,更粗俗。但"不屑一顾",却成了一个阶级的习惯。在应不理会农民声音之地就不理会其声音,却使得对其正义或慈悲呼声置之不理,更加容易。局部的充耳不闻,高贵而必要,却鼓励了全方位的充耳不闻,后者傲慢而又反人性。

当然,朋友圈不可能像有权有势的社会阶层那样,压迫外界。可是,在其自身范围内,朋友圈也有同类危险。它将那些就某特定方面而言名副其实的外人,视为普遍意义上的(而且贬义的)"外人"。于是乎,跟贵族一样,它也会在周围制造一个真空,没有声音能够穿过的真空地带。文学圈或艺术圈,瞧不起白丁的文学观或艺术观,一开始或许还名正言顺。但最终或许会变本加厉,同样瞧不起白丁的这个看法:他们应该付账单,剪指甲,举止有教养。无论这个圈子有什么毛病——圈子的毛病,在所难免——因而都变得不可救药。但事情还没完。这一局部的防御性的充耳不闻,基于某种优越感——哪怕只是对邮票多些知识而已。此优越感接着就会紧紧附着于全面的充耳不闻。这个团体将鄙夷并无视那些团体之外的人。实际上,它会让自己变得特别像个阶层。一个小圈子(coterie)是个自封的贵族。①

前面说过,良性友爱中,每个成员面对别的成员,都感到谦卑。他看到他们的杰出,庆幸与之为伍。然而不幸的是,这个"他们",从另一视点来看,正是"我们"。这样,从个体之谦卑到群体之骄傲,乃一步之遥。

我想到的不是所谓的社交上的或势利眼式的骄傲:因结识名流或因别人知道我们认识名流而自喜。这是件很不同的事。势利小人期望着攀附某团体,是因为该团体已被视为"精英"(élite);而朋友们之所以有以"精英"自视之危险,则是因为他们已攀附上了。我们只不过是寻找同心同德之人,随后,却吃惊地感到或喜出望外地感到,我们已成了个贵族。不是说,我们会以贵族自命。了解友爱的读者,大概会矢口否认,说自己的圈子怎会如此荒唐。我也会矢口否认。不过在这等事上,最好不要拿自己说事。不管自

---

① 路易斯《魔鬼家书》第7章:"由于某种利益被人憎恶或遭人忽视,人们会联合在一起组成排外的小集团,所有这类小集团都倾向于在自己内部滋生出一种温室里的相互赞赏,对外部世界则满怀骄傲和敌意。"(况志琼、李安琴译,华东师范大学出版社,2010,第28页)

己的圈子到底如何,我想,在我们都是外人的别的一些圈子身上,我们都认出了这样一些苗头。①

我曾出席某会议。会上,两个牧师,明显是密友,开始谈论"非受造之能量"(uncreated energies),而不是上帝。我问,假如信经称上帝为"创造天地和有形无形万物的主"②没错的话,那么,怎么会有上帝之外的"非受造"呢?他们的答复是,相视而笑。他们笑,我不反感,可是,我还要个付诸言辞的回答。这个笑,根本不是嘲笑或坏笑。它所表达的,跟美国人说"他倒挺伶俐",像极了。这就好比一个"童言无忌"的小孩向一个好玩的成年人,问了一个从没人问的问题,这成年人所发出的笑声。你难以想象,这笑声是何等地毫无恶意;你更难以想象,它又何等清晰地留下这个

---

① 在《魔鬼家书》第24章,路易斯说,魔鬼引诱基督徒的一大策略就是:你一定要教他把那些让他感到愉悦的圈子和让他觉得无聊的圈子之间的区别误以为是基督徒和非基督徒之间的区别。一定要让他觉得(最好不要说出来),"我们基督徒是多么与众不同啊";一定要让他在不知不觉间,把"我们基督徒"定义为"我那一伙人";一定要让他把"我那一伙人"用来指代"我有权结交的那些人",而不是"那些出于仁爱和谦卑而接纳我的人"。(况志琼、李安琴译,华东师范大学出版社,2010,第95页)

② 原文为:"maker of all things visible and invisible."语出《尼西亚信经》第一条:"我信独一上帝,全能的父,创造天地和有形无形万物的主。"

印象,即他们全然清楚自己一直生活在比我们其他人更高的层面上,来到我们中间恰如骑士置身乡巴佬中间或成年人置身小孩中间。针对我的问题,他们极有可能有个回答,但知道我太过无知,听不懂。要是他们费几句唇舌,说"一时半会恐怕解释不清",我也不会将友爱之骄傲归到他们身上。关键是相视而笑——声色并茂地表达了一种群体优越,视为理所当然,无须掩饰。说实在的,这一奥林匹亚态度(Olympian attitude)①之下,几乎全无冒犯之处,也无伤害或自喜之意(他们是年青的妙人)。这丝优越感,因安全无虞,故而堪称宽厚,彬彬有礼,不扎眼。

这一群体优越感,并不总是奥林匹亚式的;也就是说,并不总是平静而又宽厚。它也可以是提坦式的②;躁动,好斗,怨愤。又有一次,我给一个大学生社团演讲,并就我的文章(专门)展开讨论。一个年青人,表情严厉得像个啮齿动物那般。以至于我不得不说:"你看,先生,过去的五分钟

---

① Olympia(奥林匹亚),希腊南部平原,建有奥林匹亚宙斯神庙,古代在此举行奥林匹亚竞技。Olympian 一词因而就有了"超然"、"似神"的意思。
② 提坦(Titan,一译泰坦),希腊神话中提坦众巨神之一,天神 Uranus 与地神 Gaea 之子。

里,你事实上已有两次称我为骗子了。如果离开'骗子'一词,你就无法跟人商榷,那我就必须离开了。"我本想,他会有两种反应:要么恼羞成怒,恶言相向;要么羞愧难当,向我道歉。出乎意料的是,他两个都没做。他那积惯成习的不满表情,纹丝未动。他没再直接重复"骗子"一词,可除此之外,他还是一如既往。你碰见了一道铁幕。他戒备森严,不冒险跟我这等人发生严格意义上的个人关系(personal relation),无论友好关系还是敌对关系。在此背后,基本可以确定,有个提坦式的圈子——自命的圣殿骑士①,永远是全副武装,捍卫危急之中的巴风特(a critical Baphomet)②。我们——他们眼中的"他们"——之存在,根本不算是人(persons)。我们只是样本(specimens);不同年龄段、类型、舆论风气或兴趣之样本,有待消灭。解除了一样武器,他们会冷静地操起另一样。在平常的人际意义上,他们根本就未遭遇我们;他们只是在干一个活——喷洒杀虫剂(我听到

---

① 圣殿骑士(Knights Templars),1118年为保护圣墓及朝圣者在耶路撒冷建立的基督教军事组织。
② 巴风特(Baphomet,一译巴弗灭),据传,乃圣殿骑士所崇拜的偶像。

有人用此意象)。

我的这两个可爱的年青牧师及那位不怎么可爱的啮齿动物,智识水平都蛮高。智识蛮高的还有爱德华时代那赫赫有名的一帮人,他们昏头昏得飘飘然,竟自称"灵魂"。不过,群体的优越感,同样会为平庸得多的一组朋友所有。其显摆方式,更其粗笨。我们都见识过,学校里"老手"在新生面前的显摆,或部队里俩"士官"在一"临时兵"面前的显摆;有时候,则是在酒吧或列车厢,大呼小叫满口粗话的朋友,想给陌生人个印象。这等人说起话来,亲密无间而又神秘兮兮,就为的是让人风闻。任何人不在圈内,都必定被晾在一旁。说实话,这种友爱,除了它排外这一事实,或许不"基于"(about)任何事物。给一位外人说话时,圈里的随便哪位,提起别的成员,都乐于用其教名或昵称;不是尽管而正是因为,圈外人都不知道他说的是谁。我认识一个人,做得甚至更巧。他说起朋友,仿佛我们都知道那是谁似的,而且仿佛我们都应该知道。"就像理查德·巴顿有次跟我说的那样……"他会这样开头。我们那时还很小,还不敢承认没听说过理查德·巴顿。仿佛一清二楚的是,任何人,只要是个人,巴顿这个名字必定耳熟能详;"不知道他,只证明我们是无名小辈。"只有在很晚以后,我们才认识到,没有哪个人听说过他。(我如今还真怀疑,某些所谓的理查德·巴顿、赫齐卡亚·克伦威尔以及埃莉诺·福赛斯,知名度跟哈里斯太太差不多。但有那么一两年,我们完全被唬住了。)

因而,在许多朋友圈里,我们都能找到友爱之骄傲——无论是奥林匹亚式的、提坦式的,还是一味粗俗的。以为我们自己免于此虞,是太过匆忙;因为,当它就在自己身上,我们总会迟于辨认。这等骄傲之威胁,的确几乎与友爱密不可分。友爱必定排外。从无辜而又必需之排外行径,到排外精神,仅一步之遥;下一步就是,以排外为乐这种败坏了。一旦承认这一点,这个下坡路就顿显陡峭。我们或许永远都不会变成提坦或地道的无赖;但我们却可能成为"灵魂们"(Souls),这在某些方面更加糟糕。让我们第一次走在一起的那个共同识见,或许会消褪殆尽。但我们结成了个小圈子,只为小圈子而存在的小圈子;一个小小的自封的(因而荒唐的)贵族,沐浴于集体自伐的幻梦之中。

一个圈子臻此境地,有时就开始涉足实践世界(the world of practice)。它老谋深算地招募新人,以求扩张。招募的新人,是否分有源初之共同兴趣在所不计,但必须让它感到(在某种难以界定的意义上)是"牢靠人"。它因而成了这块土地上的一股力量。其成员资格渐渐有了政治分量,尽管所牵涉到的政治,或许只关乎一个军团、一所大学或一座教堂的内斗。操控会议、(为牢靠人)谋取职位、团结一致对抗无产者(the Have-nots),如今成了其主要事务。一度走到一起谈论上帝或诗歌的那些人,如今则谈论职称和生计。注意,他们结局之公义。"你本是尘土,仍要归于尘土。"上帝对亚当说。① 当一个朋友圈蜕变为一伙欺世盗名之徒时,友爱也就沉降回自己的基质,即一味实际的伙伴关系。他们如今与原始的狩猎部落,是同类组织。他们的确是猎人;只不过,不是我最为尊敬的那种猎人。②

【§57—61. 友爱无法自救】

人民群众,从未多么正确,也从未错得离谱。他们犯了个无望的错误,竟相信每一群朋友之存在,就是为图欺世盗名之乐。我相信,他们之错误在于其信念,以为每种友爱实际上都耽于此种快乐。不过,就诊断出骄傲乃友爱的天生

---

① 见《创世记》三章 19 节。
② 关于拉帮结派的"圈子心理",详参路易斯的《话圈内》(The Inner Ring)一文。文见拙译路易斯《荣耀之重》(华东师范大学出版社,2016)。

趋向这一危险而言,他们仿佛是正确的。正因友爱是最为属灵的爱,困扰它的危险也是属灵的。假如你乐意,也可以说友爱是天使般的。不过,人若想吃天使之食粮,就需要三倍之谦卑,以规避风险。

或许现在我们可以斗胆猜测一下,圣经缘何基本不用友爱作为至爱(the highest love)之意象。就实际事实而论,友爱已经太过属灵,以至于无法成为属灵事物的好的象征。没有卑下的基础则无以立高。上帝向我们显现自身,显现为父,显现为夫,之所以安全,是因为只有疯子才认为,祂就是我们的生父或祂与教会之婚姻不是奥秘之婚姻。然而,假如友爱被用于此,我们或许会将象征误认为是被象征物。其内在的危险,会变本加厉。我们或许还壮了胆,进一步将友爱所展示的跟天国生命的肖似之接近,误认为是趋向之接近。

于是乎,像别的天性之爱(natural loves)一样,友爱也无法自救。其实,因为它是属灵的并因而面对着一个更隐蔽的敌人,所以,假如它还期盼着继续保有甜美,就必须祈求神灵保佑,甚至比别的天性之爱要更全心全意。想想友爱之正道何其狭窄吧。它切勿成为人们所称的"相互激赏之一群"(mutual admiration society);可话说回来,要是没充满相互激赏,没充满欣赏之爱,它就根本不是友爱了。因为除非我们的生活贫瘠得无以复加,否则我们在友爱之中,就恰如《天路历程》里的女基督徒和同伴:

> 两个女人……相互一望,大为惊异,因为她俩都看不见自身的荣光,却看得见对方的灿烂。于是她俩开始珍重对方胜过珍重自己。一个说:"你比我美。"另一个说:"你比我秀丽。"①

说到底,只有一条路,我们才能安全品尝到这一辉映体验(illustrious experience)。这条路,班扬在同一段话里已经指明了。那是在晓示(Interpreter)的屋里,她俩洗过了澡,盖上了印记,穿上了白色的圣衣,这两个女人才彼此这样看待。假如我们记着洗澡,盖印记,穿圣衣,那我们就是安全的。友爱的根基越是高超,就越要记着。尤其是,在明显因求道而缔结的友爱之中,忘记就是致命的。

---

① 《天路历程》,郑锡荣译,中国基督教协会,2004,第177页。

因为，这时在我们看来，是我们三五人选择了彼此。我们每个人慧眼独具，发现了对方的内在的美。同声相应，同气相求。这是一种自觉的高贵（a voluntary nobility）。我们凭自己的天赋（native power），超越了其他人。其他诸种爱，可不会引起同样的幻觉。亲爱，显然要亲情关系，或至少要求亲近关系，这从来都不取决于我们自己的选择。至于情爱，这个世界上的半数的爱情歌曲和爱情诗，都会告诉你情人是你的运命或宿命，像霹雳一样不是你的选择。因为，"是爱是恨，由不得我们"。① 丘比特②的箭也好，基因也罢——反正不是我们。而在友爱中，由于脱离了这一切，我们就以为是自己选择了同伴（peers）。可实际上，年纪差上几岁，住得远上几里，上了这所大学而不是那所，划拨到不同军团，首次碰面时谈起或没谈起某个话题的偶然性——这些机缘（chances）里的任何一个，都会将我们分开。不过严格说来，对一个基督徒而言，没有机缘这回事。一个神秘

---

① 原文是："it is not in our power to love or hate." 语出马洛的未完成叙事诗《海洛与利安德》（Hero and Leander, 1598）。这是广为传唱的爱情名句："It lies not in our power to love or hate, /For will in us is over-ruled by fate."

② 丘比特（Cupid），罗马神话中的爱神，希腊神话中称作 Eros。

司仪(a secret Master of the Ceremonies),一直在作工。基督对门徒说:"不是你们拣选了我,是我拣选了你们。"① 祂也能实实在在地告诉每一群基督徒朋友,"不是你们拣选彼此,是我为你们拣选了彼此。"友爱可不是对我们的鉴赏力以及众里寻他的高雅趣味的奖赏。它是个工具,上帝藉以向友人们显示彼此的美。友人的美,并不比芸芸众生的美,伟大多少。藉助友爱,上帝打开了我们的眼睛。友人的美,跟一切的美一样,都源自祂;而在莫逆之交里,友人的美,由祂藉助友爱本身而加以增益。因此,友爱既是祂创造友人的美的工具,又是彰显友人的美的工具。在这场盛宴上,是祂摆筵席,是祂宴宾客。我们可以斗胆盼望,祂有时在主持盛宴,甚至盼望祂总是应该主持宴会。欢宴,总不该忘了主人吧。

这可不是说,我们参加盛宴,就必须总是一本正经(solemnly)。"创造了喜笑的上帝"②禁止这样。生活有个细微之处,既富于挑战,又令人欣喜。那就是,我们必须深

---

① 《约翰福音》十五章16节。
② 原文是:"God who made good laughter."典出《创世记》廿一章6节;撒拉说:"神使我喜笑,凡听见的必与我一同喜笑。"

刻体认到,有些事要严肃对待,但却仍要有能力有意愿轻松对待,就像是玩(a game)。关于这一点,下章会有更多交待。至于当前,我就只引用一下邓巴(Dunbar)的妙句:

> 人,愉悦你的创造主,时时保持欢笑,
> 不要用你的欢笑,去换世间的一颗红樱桃。①

---

① 语出威廉·邓巴(William Dunbar,约 1460—1520)的《论贪婪》(Of Avarice)一诗的最后一节:"Man please thy maker and be merry, / And set not by this world a cherry;/Work for the place of paradise/For therein reigns no avarice."因未见此诗之中译文,暂采梁永安译本之译文。

5 情爱

Eros

【§1—8. 区分情爱与性爱】

我用 Eros(情爱)①一词,当然是指我们所谓的"相爱"(being in love)状态,或者,要是你乐意,就是恋人"沉浸其中"(lovers are "in")的那种爱。在前面的一章里,我将亲爱描绘为我们的体验跟动物的体验仿佛离得最近的那种爱,一些读者或许会诧异。或许还真有人会问,我们的性功

---

① Eros,希腊神话中的爱神,罗马神话中名为丘比特。柏拉图的《会饮篇》,即是献给爱神的颂词。其汉语译名有厄洛斯、爱若斯、爱神、爱欲、欲爱,不一而足。拙译与其他三种爱相照应,译为情爱。

能不也跟动物同样接近？要是泛泛而论人的性欲，这没错。不过，我关心的不是人的性欲本身(human sexuality as such)。只有当性欲成为"相爱"这一复杂状态的一个因素之时，它才会成为我们议题的一部分。离开情爱，离开"相爱"，性经验也会出现；而且，情爱包含性事之外的别的东西，我也认为是理所当然。即便你非要那么说，那么，我要探讨的也不是我们与禽兽所共有的性欲，甚至也不是一切人所共有的性欲，而是性欲中一个独特的人类变体，它生长于"爱"——我称之为 Eros(情爱)。情爱中的肉体的或动物的性欲元素，我则愿意(遵循老用法)，称之为 Venus(性爱)①。我用 Venus 一词，不是指某种隐秘的或提炼出来的性事——深层心理学或许会探讨这个，②而是指完全显见意义上的性事；那些经历过的人，都知道它是性；最简单的观察，就能确证它是性。

性欲之运作，可以没有情爱，也可以作为情爱之部分。

---

① Venus(维纳斯)，罗马神话中司性爱和美的女神。在希腊神话中，名为阿芙洛狄忒。
② 依弗洛伊德的泛性欲论，人的一切活动都无不被性欲浸染。故而，路易斯用"某种隐秘的或提炼出来的"(in some cryptic or rarefied sense)一语。

且让我及时做个补充,我作此区分,只是为了给我们的探讨划个界限,不带任何道德蕴涵。我一点都没有附和流行看法,说情爱之有无,就使得性事"纯洁"或"不洁",堕落或美好,非法或合法。① 要是说未处于情爱状态就躺到一起的人,都卑鄙,那么,我们所有人的出身都不干净。婚姻取决于情爱的时代及地域,是极少数。② 我们绝大多数人的先祖,都早早成婚。伴侣由父辈挑选,挑选的根据与情爱无关。他们发生性事,可以说,除了直直白白的动物欲望,没有别的"燃料"。他们做得对;忠实的基督徒夫妇,听从父母之命,出于对主的恐惧,彼此清偿他们的"婚债"(marriage debt),③

---

① 路易斯《论刑罚:对批评意见的一个答复》(On Punishment: A Reply to Criticism)一文中说:"我称性行为贞洁还是不洁,其根据是双方是婚内还是婚外。这并不意味着,我认为性行为对于婚姻是'次要的';而是意味着,使它合法、使它成为敦伦之举的,是婚姻。"(文见路易斯神学暨伦理学论文集 God in the Dock 第三编第4章,拙译该书华东师范大学出版社即出)

② 索洛维约夫《爱的意义》第三篇:"强烈的爱情与生育子女相吻合,仅仅是偶然现象,而且相当罕见;历史和日常生活的经验都确凿地证明,父母可以顺利地生儿育女,可以精心养育孩子,然而他们之间从来没有相爱过。因此,人类为世代更替的共同普遍利益,丝毫不需要有崇高而深沉的爱情。"(董友、杨朗译,三联书店,1996,第54页)

③ 《哥林多前书》七章5节:"夫妻不可彼此亏负,除非两厢情愿,暂时分房,为要专心祷告方可;以后仍要同房,免得撒但趁着你们情不自禁引诱你们。"

生儿育女。相反,一种翱翔天际飞虹一般的情爱,会将理智的角色削减至无足轻重。这种情爱影响下的性事,或许就是赤裸裸的奸淫,或令妻子心碎,或会蒙骗丈夫,或会背叛朋友,或会辜负善意,或会抛弃儿女。① 围绕美好感受而给罪和义务划界,神不悦。性行为,如别的行为一般,其正当与否之标准,要平实得多,也确定得多;其标准是,守信与否,公义与否,是仁爱还是自私,是顺从还是不顺从。我的探讨排除单纯的性欲(mere sexuality),也即排除脱离情爱的性欲,一点都不是出于道德理由,而是因为它与我们的目标无关。

---

① 古人是先结婚后恋爱,所谓"一日夫妻百日恩"是也;自浪漫主义运动以来,恋爱则成了婚姻的基础。在《魔鬼家书》第 18 章,路易斯藉大鬼之口说,这一古今之变正是魔鬼的试探:仇敌其实是把"恋爱"作为婚姻的结果应许给人类,而你则要把"恋爱"涂上浓墨重彩并加以扭曲,鼓励人类将之视为婚姻的基础。这样做会有两个好处。首先,可以使那些没有禁欲恩赐的人因为自己还没有"恋爱"的感觉,就怯于以婚姻作为满足性欲的解决之道,而且多亏了我们,他们才会认为除了恋爱之外,为任何其他动机结婚的想法似乎都是卑鄙而自私的。是的,他们就是那么想的。若一个伴侣关系是出于相互扶持、持守贞洁、传承生命而缔结的,他们就会认为忠于这样的关系是低俗的,不如出于一阵短暂的激情而结成的伴侣关系来的高贵(别忘了让你的病人对婚介所产生极大反感)。其次,任何性欲迷恋,只要有结婚的意向,都会被视为"爱情",而如果一个男人娶了一个非基督徒,一个傻瓜和一个荡妇,"爱情"可以为他脱卸一切内疚感,并且让他免于承担一切恶果。(况志琼、李安琴译,上海:华东师范大学出版社,2010,第 71 页)

对进化论者而言,情爱(即人类性爱的变体)是从性爱中生长出来的某种东西,是远古茫昧的生物冲动后来之复杂化及发展。然而,我们切莫以为,在个体意识里,这也是必然发生的。或许会有人,起初对某女人只是感到一丝欲渴,后来,才跟她"坠入爱河"。不过我则疑虑,这是否就是通则。颇为经常的倒是,起初只是欣然迷恋着心上人——对她整个人的迷恋,笼而统之(general),混沌未分(unspecified)。处此心境的男子,哪有空去想性。他忙着想这个人还来不及呢!她是个女子这一事实,比起她就是她自己,轻如鸿毛。① 他满怀渴欲,但此渴欲的主调或许不是性。要是你问他,他要什么,实打实的回答常常是"思念到永远"。他是个爱的静观者(love's contemplative)。② 至于后来,当

---

① 索洛维约夫《爱的意义》:"如果把性爱只看作是人类世界的事,因为人类世界的性爱要比物界强烈得不可比拟,那么它便具有个性性质,由于这个个性,正是这个异性的人对于所爱的人,才具有像目的本身一样的惟一不可取代的绝对意义。"(董友、杨朗译,三联书店,1996,第28页)

② 假如将现世生活比作奥林匹克运动会,毕达哥拉斯就会把人分为三种:一种是藉此机会做点买卖的人,这是追逐利益者;一种是来参加竞赛的人,这是追求荣誉者;一种则是看台上的观者(spectator)。毕达哥拉斯赞美沉思的生活,故而,这三种人也就是三等人,以最后一种为人生之最高境界。罗素在《西方哲学史》中写道:

伯奈特把这种道德观总结如下:"我们在这个世界上都是(转下页注)

显见的性因子苏醒之时,他不会感到(除非某些科学理论在影响着他)整件事之根基就是性因子。他更有可能感到,情爱之潮来袭,冲掉了许多沙堡,冲积岩石成岛屿。如今,最后的一个浪头,高奏凯歌,淹没了他天性里的这一部分——普通性欲这滩小水洼。这滩水洼,在潮来之前,就在他的海岸上。情爱就像个入侵者,逐个夺取被占领国的机构,加以改组。抵达他身上的性之前,情爱或许已经夺取了许多别的部分;它也会对性加以改组。

关于此改组(reorganisation)的性质,乔治·奥威尔的指点,其简洁明了,无出其右。他不喜欢此改组,倒情愿性欲处于其原始状态,不沾染情爱。在《一九八四》里,他那可怕的主人公(比起他的杰作《动物庄园》里四条腿的主人公

(接上页注)异乡人,身体就是灵魂的坟墓,然而我们决不可以自杀以求逃避;因为我们是上帝的所有物,上帝是我们的牧人,没有他的命令我们就没权利逃避。在现世生活里有三种人,正象到奥林匹克运动会上来的也有三种人一样。那些来买卖的人都属于最低的一等,比他们高一等的是那些来竞赛的人。然而,最高的一种乃是那些只是来观看的人们。因此,一切中最伟大的净化便是无所为而为的科学,唯有献身于这种事业的人,亦即真正的哲学家,才真能使自己摆脱'生之巨轮'。"(何兆武、李约瑟译,商务印书馆,1963,第59—60页)

亚里士多德《尼各马可伦理学》卷一第五章也区分了三种生活:"最为流行的享乐的生活,公民大会的或政治的生活,和第三种,沉思的生活。"(廖申白译注,商务印书馆,2003)

们,人性何其稀少)①,在乱搞女主人公之先,还要个保证。"你喜欢这玩意儿吗?"他问,"我不是只指我;我指这件事本身。"直至得到"我热爱这件事"的回答,他才满意。② 这段小对话,定义了此改组。离开情爱,性欲想要的就是它,那事本身;情爱要的则是心上人。

那事,是一种感官快乐;也就是说,发生在一个人体内的一档子事。色鬼在大街游荡,我们说他"想要个女人",这样说再蠢不过了。严格照直说,他想要的恰巧不是个女人。他想要的是快感,女人碰巧是此快感的必需设备。从他完事后

---

① 关于乔治·奥威尔的这两部小说,路易斯认为《动物农场》比《一九八四》要出色得多。详见路易斯的文学论文集《论故事》(*On Stories: And Other Essays on Literature*, ed. Walter Hooper, NY: Harcourt)中论奥威尔的两篇文字。

② 这段对话,出现在男女主人公第一次幽会时。原文如下:
他把她拉了下来,两人面对着面:
"你听好了,你有过的男人越多,我越爱你。你明白吗?"
"完全明白。"
"我恨纯洁,我恨善良。我都不希望哪里有什么美德。我希望大家都腐化透顶。"
"那么,亲爱的,我应该很配你。我腐化透顶。"
"你喜欢这玩意儿吗? 我不是只指我;我指这件事本身。"
"我热爱这件事。"
这就是他最想听的话。不仅是一个人的爱,而是动物的本能,简单的不加区别的欲望:这就是能够把党搞垮的力量。(乔治·奥威尔《一九八四》[中英双语本],董乐山译,上海译文出版社,2010,第117—118页)

五分钟的态度,就可以推断他在多大程度上在意那个女人本身(抽完一支烟后,谁还留着烟把呢)。而情爱,则使得一个男子真心想要某特定女人,而不是一个女人。虽难以名状但却毫发不爽,恋人渴欲的是心上人本人,而不是她所能提供的快感。这世界上,还从没有过哪个恋人寻求心上人的拥抱,是出于算计——虽不经意,却算计着得到她的拥抱,其快感强于任何别的女人之拥抱。即便他这样提问,他无疑也会心想,还就是这么回事。只不过,提出这等问题,就完全脱离了情爱之世界。据我所知,唯有卢克莱修曾这样提问。① 这样提问时,他当然不在爱河之中了。留意一下他的答案,很有意思。这个严苛的酒色之徒,竟出高论说,爱有损性快感。爱情,是个干扰。它破坏了他那冷静而又挑剔的分辨力(the cool and critical receptivity of his palate)。② (一个伟大诗

---

① 卢克莱修(Titus Lucretius Carus,约公元前98—前53),罗马诗人,哲学家,以长诗《物性论》闻名于世。他在《物性论》第四卷劝人们不要受爱情蛊惑,因为迷恋一个人带来的是痛苦。他劝导说,与其迷恋在远方的恋人,不如寻欢作乐:"到处去猎色/那无所不可到处游荡的维娜丝;/或者能把你心灵的骚动引导到别处。/避开爱情的人也并不就缺乏/维娜丝的果实;他反而是会/获得那些没有后患的快乐。"(《物性论》,方书春译,商务印书馆,1981,第273页)

② 详见卢克莱修《物性论》卷四,第1050—1279行论"情欲"的部分,卢克莱修历数爱情的灾祸。其中一桩就是,爱情使人有眼无珠:"把实际没有的优点归给她们。"(同上,第278—279页)

人,只不过,"主啊,这些罗马人真是禽兽不如!"①)

读者诸君想必留意到,情爱就这样奇妙地将典型的需求之乐,转化为最地道的欣赏之乐。需求之乐,其本性就在于,让我们在对象与我等需求的关系里看待对象,哪怕是转瞬即逝的需求。而在情爱之中,需求最炽烈之时,也是将其对象最炽烈地看作本身值得称赏,她之重要远远超出她与恋人需求之关系。

对此,要是我们一点都没体验过,要是我们只是个逻辑学家,或许会感到此区分不可思议:渴欲一个人,与渴欲这个人所能提供的快感、慰藉或服务,界域分明。这确实难于解释。当恋人们自己说想"吃下"彼此时,他们是在努力表述此渴欲的某一部分(一小部分)。② 弥尔顿则想象,天使的躯体由光构成,故而比起人的相互拥抱,就能合为一体,而不像我们一样只是拥抱。③ 这想象,就表达得更多

---

① 原文是:"Lord, what beastly fellows these Romans were!"疑语出古罗马历史学家苏维托尼乌斯(Suetonius,又译斯威托尼厄斯,75—150)的《罗马十二帝王传》。

② 赵孟𫖯之妻管道升《我侬词》,与此相近:"你侬我侬,忒煞情多。情多处,热似火。把一块泥,捻一个你,塑一个我。将咱们两个一齐打破,用水调和,再捏一个你,再塑一个我。我泥中有你,你泥中有我。与你生同一个衾,死同一个椁。"

③ 疑出自《失乐园》,暂未查明具体出处。

了。查尔斯·威廉斯①的话,异曲同工:"爱你?我就是你呀。"

脱离情爱的性欲,恰如任何别的欲望,是一个关乎我们自身的事实(a fact about ourselves)。而在情爱之中,性欲则毋宁说关乎心上人(about the Beloved)。它差不多是一种感知模式(a mode of perception),全然是一种表达方式(a mode of expression)。它感受到了客观(It feels objective);感受到在此世界上,我们之外的某种东西。② 情爱,尽管是快感之王,(登顶之时)却总有一种气概,视快感为副产品。思虑着快感,会将我们重又投回自我,投回自己的神经系

---

① 查尔斯·威廉斯(Charles W. S. Williams, 1886—1945),英国诗人,小说家,剧作家,神学家,文学批评家,路易斯挚友,淡墨会(Inklings)成员。

② 索洛维约夫《爱的意义》曾指出,爱是对利己主义的否定:"只有一种力量能从内部即从根本上动摇利己主义,这就是爱,而且主要是性爱。利己主义的罪过和虚伪在于唯独承认自我及其对他人关系上的绝对意义;理性告诉我们,这毫无根据且不公正,但是,爱在事实上能直接地消除这种不公正关系,以一种内心感情和生命意志,而不是以抽象意识,迫使我们承认他人的绝对意义。"(董友、杨朗译,三联书店,1996,第47—48页)"爱作为感情,其意义和价值在于有效地迫使我们全身心地承认他人也具有我们由于利己主义只能觉得自己才具有的绝对核心意义。爱,不只作为我们的一种感情,而且作为我们全部生活兴趣之从自身向他人转移,作为我们私生活中心的重新配置,都是重要的东西。"(第53页)

统。这会杀死情爱,恰如最美山色也会惨遭"扼杀",假如你将它们悉数归于你自己的视网膜以及视觉神经的话。① 那到底是谁的快感?情爱所做的首要之事就是,泯灭赠予与接受之界限。

【§9—10. 色欲并非属灵生命之大碍】

目前为止,我一直试图只作描述,不作评价。只不过,无可避免,会生出一些道德问题。我自己对这些问题的看法,也不用隐瞒。但这只是拙见,不是定论。当然也就欢迎指正,欢迎比我更好的人,更好的恋人,更好的基督徒来指正。

过去人们普遍认为,或许今日还有许多天真的人依旧认为,情爱的属灵危险,差不多全都诞生于其中的肉身因素;性爱削减至最低限度,情爱就"最高贵"或"最纯洁"。老一辈的道德神学家(older moral theologians)似乎认为,在婚姻中,我们不得不主要加以防范的危险,就是屈服于感官的危险:一屈服就会毁掉灵魂。不过诸君会留意到,这可不是经文的教导。圣保罗,劝归信者不婚时,就那方面的事,

---

① 在路易斯看来,主观论哲学大行其道,扼杀了美。详参拙译《人之废》第三章。

除了不鼓励长期戒绝性爱之外,再啥也没说(《哥林多前书》七章 5 节)。① 他担心的是迷恋,需要持续不断地"取悦"——也即思虑——伴侣,以及一心持家所带来的多重纷扰。阻碍我们持之以恒侍奉上帝的,往往不是床笫之欢,而是婚姻本身。圣保罗说的应该没错吧?假如我自身之体验尚可信赖,对俗世的讲求实际又患得患失的操心(结没结婚都一样),哪怕是最微不足道的操心(care),才是巨大纷扰呢!为芝麻小事而患得患失,为下一个小时做什么而锱铢必较,干扰我祈祷的那个频繁劲,往往是任何激情或嗜欲所无法比拟的。婚姻的持久的大诱惑,不在色欲(sensuality),(说白了)而在贪婪。我对中世纪的导师们,满怀崇敬。只是切莫忘记,他们都是独身。他们大概不会知道,情爱给性事带来什么;不会知道,情爱是如何削减了而远远不是加剧了,性欲的那种纠缠不休让人上瘾的特性。情爱做到这

---

① 《哥林多前书》七章 1—5 节:"论到你们信上所提的事,我说男不近女倒好。但要免淫乱的事,男子当各有自己的妻子,女子也当各有自己的丈夫。丈夫当用合宜之份待妻子,妻子待丈夫也要如此。妻子没有权柄主张自己的身子,乃在丈夫;丈夫也没有权柄主张自己的身子,乃在妻子。夫妻不可彼此亏负,除非两厢情愿,暂时分房,为要专心祷告方可;以后仍要同房,免得撒但趁着你们情不自禁引诱你们。"

一点,可不是仅靠满足性欲。情爱,并未消除欲望,却使得节欲简单易行。① 毫无疑问,情爱会导致对心上人之迷恋,这迷恋确实会成为属灵生命之阻碍;不过,此阻碍并不主要是迷恋声色。

【§11—18. 现代人对性,又太过严肃认真】

我相信,整体而论,情爱之中真正的属灵威胁在别处。随后我再说这一点。眼下我想谈谈,依我看,当前尤其困扰着情事(the act of love)的危险。在这个问题上,我不是跟整个人类意见不一(远远不是),而是跟其许多严肃的代言人意见不一。我相信,我们全都被怂恿着将性爱看得过于认真,一种错误的认真(seriousness)。打我记事以来,让性变得庄严肃穆(solemnisation of sex),这既荒唐可笑又装腔作势,却也久盛不衰。②

---

① 路易斯《返璞归真》卷三第6章:"我们所谓的'相爱'是一种令人愉悦的状态,从几个方面来看还对我们有益。它帮助我们变得慷慨、勇敢,开阔我们的眼界,让我们不仅看到所爱之人的美,还看到一切的美。它(尤其是一开始)让我们纯动物性的欲望退居次要地位,从这种意义上说,爱是色欲的伟大的征服者。任何一个有理性的人都不会否认,相爱远胜于通常的耽于酒色或冷酷的自我中心。"(汪咏梅译,华东师范大学出版社,2007,第112—113页。)

② 关于20世纪五六十年代文化中"性的泛滥",美国存在主义和人本主义心理学家罗洛·梅(Rollo May)在《爱与意志》(*Love and* (转下页注)

有位作者告诉我们,性爱(Venus)应当贯穿婚姻生活,以"一种庄严而又神圣的节律"反复出现。有位年青人,我将他钟爱有加的一部小说描绘为"色情的"(pornographic),他发自内心的困惑:"色情?怎么可能?它对整个性事那么地认真"——仿佛板着脸就是某种道德消毒剂。① 我们的那些心怀黑暗神灵(Dark Gods)的朋友,也即"血柱"派(the "pillar of blood" school),认真地尝试恢复阳具崇拜(Phallic religion)之类的东西。我们的广告,最色的时候,会用销魂、炽烈、痴情满怀的语汇描画这件事;很少提及快乐。心理分析师则蛊惑我们,说完全的性调适(complete sexual adjustment)无比重要,又说这不可能完成,以至于我相信,许多年轻夫妇行房中之事的时候,床头柜上摆满了弗洛伊德、克拉夫特·伊宾②,

---

(接上页注)*Will*,1969)一书中,有绝佳描绘:"现在我们比古罗马以来的任何社会都更强调性的重要性。有些学者甚至相信,我们比历史上任何其他民族都更执着于性的问题。今天,我们已经远不只是缄口不谈性问题,事实上,如果真有火星人降临时代广场的话,恐怕我们除了跟他们谈论性问题之外,就再也找不到别的交流话题了。"(冯川译,国际文化出版公司,1987,第31—32页)

① 关于文学中的淫秽或色情,可参路易斯的《正经与语文》一文。文见拙译路易斯《切今之事》(华东师范大学出版社,2015)第15章。

② 克拉夫特·伊宾(Kraft-Ebbing,亦译艾宾,1840—1902),德国精神病医生,在性学领域,是与弗洛伊德齐名的奠基人。

海洛克·霭理士①,以及斯托普斯②博士的全套著作。老浪子奥维德,对性事,从未放过一个鼠丘,但也从未造过一座大山,还可能更靠谱一些。我们已经抵达这样一个境地,在此,没有比老式的一阵哄笑更为需要的了。③

然而,有人会回答说,可是,性事就是严肃(serious)啊!是啊,有四个理由严肃。首先,神学上讲,性事是婚姻中的肉身那部分(the body's share in marriage),神选择婚姻,作为神与人之联合的奥秘形象(mystical image)。④ 其次,不揣谫陋,我斗胆将性事称作自然生命力和生育力——乾天与坤地联姻——之展现,称作我们人类之参赞化育,称作一

---

① 海洛克·霭理士(Havelock Ellis, 1859—1939),英国的性学专家,与弗洛伊德是同时代人,在英国影响巨大。
② 玛丽·斯托普斯(Marie Stopes, 1880—1958),社会活动家,作家,女性节育法的提倡者。
③ 路易斯《飞鸿22帖》第3帖:"现代人做成一件我曾认为不可能的事:他们居然把'性'这个话题变成一样闷然人的东西(make the whole subject a bore)。可怜的爱神亚弗乐蒂(Aphrodite)!人们用砂纸从她脸庞上把荷马的欢笑差不多擦净了。"(黄元林等译,台北:校园书房,2011,第27页)
④ 旧约圣经中,常以婚姻来象征神与其子民之间忠诚与否的关系。如《耶利米书》二章1—3节、三章1节,《以西结书》十六章,《何西阿书》一至三章。而在新约中,常将耶稣基督比作新郎。如《马太福音》九章15节,耶稣自己设这个比喻;而在《约翰福音》三章28节,施洗约翰将耶稣比作新郎。

种次基督教的或异教的或自然的圣礼。其三,在道德层面,则鉴于性事中所涉及的义务,以及为人父母和先祖之无比重要。最后,在男女两造心中,性事(有时候,但并非总是)在情感上极为严肃。

不过,吃也同样严肃啊。从神学上讲,吃是圣礼的载体;伦理学上讲,我们有义务让饥者得饱;社会学上讲,亘古以来,餐桌就是交谈场所;医学上讲,所有消化不良者都知道的。可是,我们从不手拿蓝皮书上餐桌,餐桌举止也不像上教堂。差不多那般郑重其事者,不是圣徒,而是美食家(*gourmets*)。动物,对食物也一直严肃认真(serious)。

我们切莫对性爱一本正经(totally serious)。说实话,要是一本正经,难免戕害人性。① 这个世界上,每种语言和

---

① 切斯特顿《异教徒》第十六章:一位评论家曾以一种愤慨、理性的口吻告诫我说:"如果你一定要开玩笑,至少你不必拿如此严肃的对象开玩笑。"我用一种本能的直率和惊奇回答道:"一个人若不拿严肃的对象开玩笑,拿什么开玩笑。"……人们开警察执法官的玩笑多过开教皇的玩笑,不是因为警察执法官比教皇更轻薄,恰恰相反,是因为警察执法官比教皇更严肃。罗马主教对英国没有管辖权,而警察执法官可能会带着郑重的神情突然对我们施加压力。人们开老科学教授的玩笑甚至多过开主教的玩笑,不是因为科学比宗教更轻薄,而是因为科学本质上始终比宗教更郑重严肃。拿极其重要的事情开玩笑的不是我,甚至不是某一类记者或爱开玩笑的人,而是整个人类。……对不重要的事情,人们总是(转下页注)

文学里面,满是两性笑话,可不是空穴来风。许多笑话,或许无趣以至恶心,而且几乎全都老掉牙了。但有一点我们必须肯定,它们所体现的性爱态度对基督徒生命的威胁,长远看,远远小于对性爱的毕恭毕敬(a reverential gravity)。我们切莫试图在肉身之中寻找绝对(an absolute)。将游戏和欢笑从婚床上驱除出去,你或许会招来一个伪女神。她会比希腊人的阿芙洛狄忒更伪;希腊人,即便在供奉她时,也深知她"喜爱笑声"。群众都相信,维纳斯(Venus)是个有点俏皮的神灵(a partly comic spirit),他们完全正确。所有的爱情二重唱,我们都根本没有义务,唱得像《特里斯坦与伊索尔德》①那样,颤动心弦,地老天荒,撕心裂肺;我们倒该像帕帕盖诺与帕帕盖娜那样去唱!②

(接上页注)严肃认真地、尽可能小心翼翼地谈论;对重要的事情,人们总是轻浮地谈论。人们以红衣主教团的神情一连几小时谈论高尔夫、香烟、马甲、政党政治这类事情,但是,世界上最严肃、最可怕的事情——结婚、被处以绞刑——是世界上最古老的笑话。(汪咏梅译,三联书店,2011,第142页)

① 《特里斯坦与伊索尔德》(Tristan and Isolde),西方家喻户晓的爱情悲剧。在过去的一个多世纪里,其最著名的流行形式,是瓦格纳的同名歌剧。

② 帕帕盖诺(Papageno)与帕帕盖娜(Papagena),莫扎特的歌剧《魔笛》中的男女主人公。

要是我们将维纳斯(偶尔的)郑重其事,信以为真,维纳斯(Venus)本人会对我们施以可怕报复。报复有两途。其一最为恶作剧——尽管并非意在恶作剧。托马斯·布朗爵士的俏皮话,揭示了这一点。他说:"聪明人平生犯过的最大蠢事,正是在这里;而一旦冷静下来,想到自己的蠢行竟是如此荒唐、如此卑污,他会感到前所未有的沮痛。"① 要是一开始,他从事此举时少些郑重其事(solemnity),他也许就不会受此沮丧之苦。要是他的想象力未遭误导,冷静下来也就不会产生这等厌恶。然而,维纳斯还有另一个报复,更狠。②

维纳斯本是个爱捉弄人的恶作剧的神灵(spirit),与其说是个神祇(deity),还不如说是个精灵(elf),她不断戏弄我们。正当外部条件最最适合她登场时,她却会让恋人之

---

① 语出托马斯·布朗《医生的宗教》第二部第9节。该书之中译本,收入布朗《瓮葬》(缪哲译,光明日报出版社,2000)一书。更长一点的引文是:"我从不曾结过婚,但那些不曾再婚者,我则佩服他们的坚毅;我并不反对再婚,即便是多妻制,我也并不是一概反对的,在男女数目失衡时,这样做也是事出必须。……假如人能像树那样,不需要交合就可以繁衍生息,或在交配这种轻薄而俗恶的办法之外,另有一套繁衍人类的途径,那我本人会满足于此的。聪明人平生犯过的最大蠢事,正是在这里;而一旦冷静下来,想到自己的蠢行竟是如此荒唐、如此卑污,他会感到前所未有的沮痛。"

② 切斯特顿《方济各传》:"性欲一旦不是仆人,就会马上摇身一变,变成暴君。"(王雪迎译,三联书店,2016,第29页)

一方或双方,无意于此。正当任何外部举动都不可能,就连眼神都不能互换之时——列车上,商店里以及无休无止的宴会上——她却全力发起攻击。一小时后,时间和地点都允许了,她却神秘溜走;或许只是从其中一个人身上溜走。这会给那些个曾将她奉为神明的人,带来多大烦扰啊——怨恨,自怜,疑虑,受伤的虚荣心,还有围绕着"挫败"的喋喋不休! 而明智的恋人,则会一笑了之。这只是游戏,逮着什么是什么的游戏(a game of catch-as-catch-can)。其中,躲逃、摔跤和迎面相撞,都被当作嬉闹。

因为,我禁不住将性爱视为上帝所开的一个玩笑。像情爱这样一飞冲天的激情,这样看似超越的激情,却鲜花插牛粪,竟跟一个与别的嗜欲一般无二的肉欲共生,硬生生将其与这些粗俗因素的关联展露无遗,比如天气啦,健康啦,饮食啦,血液循环啦,还有消化啦。在情爱中,我们时不时仿佛飘飘欲仙,在飞;性爱则猛地拽绳,提醒我们,我们只不过是系留气球①。这个玩笑在不断证明着这样一个真理:我们是混合的受造,是理性的动物,跟天使一肤之隔,但跟

---

① 系留气球(captive balloons),一种无动力的气球飞行器。气球用缆绳与地面设施连接,球体内充氦气,依靠浮力悬停在空中。

猫狗也一肤之隔。经不起开玩笑,是件坏事。经不起神开的玩笑,则更糟。我敢保证,神开这个玩笑,是要我们付出代价,但也是(谁会怀疑呢)为了让我们受益无穷。

【§19—21. 不妨视身体为"驴"】

关于身体,人有三种看法。首先是禁欲的异教徒的看法,他们称身体为灵魂的囚牢或"坟墓";还有费希尔①这样的基督徒,在他们看来,身体就是"臭皮囊"(sack of dung),是虫豸的食粮,肮脏,引以为耻,无非是引诱坏人羞辱好人之渊薮。接着则是新异教徒(他们几乎不懂希腊语),天体主义者②,以及黑暗神灵之俘虏,他们认为身体光明正大。不过还有第三种看法,其表述就是,圣方济各称自己身体为"驴兄"。③ 这三种看法,或许都言之成理——我可拿不准

---

① 费希尔(St. John Fisher,1469—1535),别名罗切斯特的约翰,英国人文主义者,殉道者,主教。
② 天体主义(nudism,又译裸体主义),以健康、舒适以至天性为名,不穿衣服便外出的一种行为方式。常是一种男女都参加的社交活动,届时两性自由接触,但不从事性活动。天体主义20世纪初诞生于德国,第一次世界大战后传遍欧洲,30年代传入北美。实行天体主义的成员都是成人,其心理都是健康的。但是,天体主义对儿童的影响,则是心理学聚讼纷纭的一个课题。(参《不列颠百科全书》第12卷272页)
③ 圣方济各(St. Frances of Assisi,亦译"圣法兰西斯",1181/2—1226),方济会的创立者,生于意大利北部的亚西西(Assisi)。

啊;不过我中意的是,圣方济各的看法。

"驴"这个词,传神极了。因为没有哪个人,神志清醒时,会敬驴或恨驴。这牲口,有用,有力气,懒,犟,有耐力,可爱,又动辄惹人生气;一会该挨阵棍子,一会又该奖根萝卜;它的美,既感人,又荒唐。身体也是这样。除非我们体认到,它在我们生命中的功能之一就是扮演丑角,否则就无法跟它和睦相处。而在某些理论将他们搞糊涂之前,这个世界上的每个男人、女人和孩子,都知道这一点。我们有肉身这一事实,是现存的最古老的玩笑。情爱(恰如死亡、人体素描和医学研究)或许会时不时催促我们对它不可造次(take it with total seriousness)。但由此得结论说,情爱应一直如此并永远禁绝玩笑,那就错了。实情并非如此。我们认识的所有幸福恋人,其幸福面庞使之一清二楚。除非他们爱如朝露,否则,恋人们都一次次感到,在情爱的肢体语言中有个成分,不只是喜剧,不只是游戏,而且是丑角。如果不这样,身体就会令我们沮丧。身体会成为一件太过粗笨的乐器,奏不响爱的旋律——除非这粗笨,能被感受为给整个爱的体验所加上的一点怪异风味——一个插曲,或一个加演,乱七八糟地模仿着灵魂平静之时所演之事。(因而,在老的喜剧中,男女主人公的缠绵悱恻的爱,则被试金石与奥德蕾①之流或男仆与女仆之间更粗俗的情事,既加以戏仿又加以反衬。)没有卑下的基础则无以立高。某些时刻,肉身以内确实有种高尚诗意;不过,恕我直言,还有个不可削减的成分,倔强而又滑稽地了无诗意。要是在此场合没感受到,彼场合也会感受到。假装看不见,远不如把它当作一个喜剧调剂(comic relief),大大方方地根植于情爱大戏里。

因为,我们着实需要这一调剂(relief)。那里既有诗意,又了无诗意;有维纳斯之庄重,又有维纳斯之轻佻;有欲望之激情(gravis ardor),又有欲望之重迫。快乐,推至极致,会像痛苦一样摧垮我们。憧憬着某种合一——只能以肉身为津梁,而肉身及我们的相互隔绝的身体,又使得合一永远不能达致——这一憧憬会有某种形而上追求的光华。痴情及悲伤,都会令人泪水盈眶。然而,维纳斯并不总是对其猎物"穷追不舍"。正因为她只是偶尔这样,故而我们对她的态度,就应一直保留一点顽皮(playfulness)的痕迹。自然事物看上去最最神圣之处,拐个弯,就是魔鬼。

---

① 试金石(Touchstone)是莎士比亚喜剧《皆大欢喜》中的小丑,奥德蕾(Audrey)是该剧中的村姑。

【§22—25.何不用异教神话言说性爱:乾道成男,坤道成女】

拒绝沉浸其中——哪怕就在维纳斯一展其庄重的当儿也记住其轻佻的一面——与性爱似火时会在绝大多数(我相信不是全部)情侣身上激起的某种态度,尤其相关。维纳斯会诱使男子走向极端之专横,尽管只是一会会,走向征服者或掠夺者的主宰欲;与此相应,诱使女子走向极端的顺从与屈服。因而就有了某些情爱戏(erotic play)中的粗鲁,甚至狂暴;"情人手下的一拧,虽然疼痛,却是情愿的。"①心智健全之情侣,怎会作此想? 基督徒夫妇,又怎能容许此事?

我想,在一种条件下,这无可厚非。必须体认到,我们这时所行的是,性中我所谓的"异教圣礼"("the Pagan sacrament" in sex)。在友爱中,我们留意到,每个参与者都不折不扣地代表自己——就是他那个偶然个体(the contingent individual he is)。而在情事中,我们就不只是自己了。

---

① 原文是:"lover's pinch, which hurts and is desired."语出莎士比亚《安东尼与克里奥佩特拉》第五幕第2场。克里奥佩特拉将死亡视为跟亡夫会面之机,故有这句经典名言:"要是你这样轻轻地就和生命分离,那么死神的刺击正像情人手下的一拧,虽然疼痛,却是情愿的。"(朱生豪译,《莎士比亚全集》卷六,译林出版社,1998,第305页)

我们还是代表。一些比我们更古老更非关个人的力量,在我们体内运行。清醒意识到此,不会令性爱枯竭,反倒使之丰盈。这个当儿,世界上一切的阳刚与阴柔,一切的乾健与坤顺,都集于我们一身。① 男子扮演的是乾天(the Sky-Father),女子扮演的是坤地(the Earth-Mother);他扮演形式(Form),她扮演质料(Matter)。② 不过,我们务必要赋予"扮演"(play)一词全面的意义。当然不是虚情假意的"逢场作戏"。可以说,就在上可比肩一场神秘大戏(mystery play)或一场仪礼、下可比肩一场假面舞会甚至看手势猜字谜的某种东西中,男女各自扮演一个角色或发挥一个作用。

一个女人,若将这一极端的逊顺视为自己的本分,就是在拜偶像,就是将只属于上帝的东西献给一个男子。一个

---

① 原文是:"In us all the masculinity and femininity of the world, all that is assailant and responsive, are momentarily focused."路易斯此处所言,与《易·系辞上》开头文字,意味相通:"天尊地卑,乾坤定矣。卑高以陈,贵贱位矣。动静有常,刚柔断矣。方以类聚,物以群分,吉凶生矣。在天成象,在地成形,变化见矣。是故刚柔相摩,八卦相荡,鼓之以雷霆,润之以风雨;日月运行,一寒一暑。乾道成男,坤道成女。"拙译即根据此段文字意译。

② 形式(Form)与质料(Matter),亚里士多德哲学里的一对概念。亚里士多德《物理学》第一章第九节:"要求形式的是质料,就像阴性要求阳性,丑的要求美的。"(192a21,张竹明译,商务印书馆,1982)

男子,身为凡夫俗子,若僭居维纳斯临时将他擢拔到的那种尊位,他就是纨绔中的纨绔,而且确实是亵渎。不过,不能被合法让渡或索取的东西,却能被合法装扮(enacted)。在此仪礼或戏剧之外,他和她是两个不朽灵魂,是两个生而自由的成人,是两个公民。假如我们以为,在性事中男子之主宰地位得到最大肯定和承认的那些婚姻,就是丈夫最有可能在整个婚姻生活中占据主导的婚姻,那我们就大错特错了;反过来说可能还差不多。不过,在这场典礼或大戏中,他们成为男神和女神,无平等可言——他们的关系,不对等。①

有人会想,我竟在性事中找到了一个仪礼或假面舞会

---

① 路易斯在《论平等》一文中曾说,好斗的平等观,会使婚姻搁浅:"在过去,人类如此滥用夫权,以至于对所有妻子而言,平等有以理想面孔出现的危险。内欧米·密歇森女士曾切中肯綮:在婚姻法里,只有你乐意,就尽可能拥有平等,越多越好,但是在某些层面容许不平等甚至乐于不平等,乃情爱之必需(erotic necessity)。密歇森女士说,有些女人受好斗的(defiant)平等观念哺育,以至于被男性拥抱的那种感觉也会激起反感。婚姻因此而遭遇海难。这正是现代女人的悲喜剧:受弗洛伊德教诲,视情爱为生命头等大事;两情相悦端赖于内在臣服(internal surrender),但女性主义却不容许。无需走得更远,即便仅仅为了她自身的鱼水之欢,女人这边某种程度的顺从和谦卑,看起来实属必要,也当属必要。"(见拙译路易斯《切今之事》,华东师范大学出版社,2015,第16—17页)

的成分,好奇怪。要知道,在我们所做的事情中,性事常被看作是最为真实,最无伪装,天机自发。难道说,裸体时,我们还不本真吗?在某种意义上,不是。"裸体"(naked)一词,原本是个过去分词;①赤裸之人,就是一个经历了赤裸过程的人,也就是说,经历过一个剥或扒的过程(你用了适于坚果或水果的动词)。亘古以来,在先祖眼中,赤裸之人就不自然,不正常;赤裸之人并非免于穿衣之人,而是出于某些原因脱衣的人。这个事实简单易晓,任何人在澡堂里都能看到——赤身露体所强化的共同人性(common humanity),弱化了个体之为个体的东西。这样说来,穿上衣服,我们才"更是自己"。②赤身露体,恋人们就不再只是约翰与玛丽了;普遍的他和她(the universal He and She)是重点所在。你甚至可以说,他们穿上赤裸,作为礼袍——或者

---

① 肯尼斯·克拉克《裸体艺术》一书指出,在西文中,裸体(the naked)和裸像(the nude)是不同的。the naked 是指被脱光了衣服,是大多数人都会感到窘迫的状态,而 the nude 则没有令人不快的意味。(见肯尼斯·克拉克《裸体艺术》,吴玫、宁延明译,海南出版社,2002,第 7 页)

② 路易斯《纳尼亚传奇·魔法师的外甥》第 11 章:"动物们对衣服一无所知。它们觉得,波莉的外衣、迪格雷的诺福克套装以及马车夫的圆顶帽是他们身体的一部分,就像它们自己的皮毛和羽翼一样。"(米友梅译,译林出版社,2005,第 98 页)

作为看手势猜字谜的服装。因为,我们必须仍旧当心错误的严肃——尤其当我们在爱的旅程中参与异教圣礼之时。乾天(the Sky-Father),只是那唯一者为异教徒所托的一个梦①——那唯一者(One)②远远大于宙斯,更远远刚健于男性。而有死的人,连乾天(the Sky-Father)都不是,因而不可能真的头顶王冠。那只是用锡箔做的一个王冠复制品。我这样说,不是瞧不起。我喜爱仪礼;我喜爱私人剧场;我连看手势猜字谜都喜爱。纸糊的王冠,自有其合法用场,而且(在合适场合)有其严肃用场。说到底,比起一切世俗封

---

① 路易斯《返璞归真》卷二第3章,说异教神话故事,就是"神给人托了一些我所谓的好梦"(He sent the human race what I call good dreams)。至于这些"好梦"所预表的真事,则是道成肉身。这里牵涉到路易斯对异教神话与道成肉身之关系的深刻见解,可惜现行中译本都未体认到这一点,全都望文生义,译错了。关于"神托好梦给人",《诗篇撷思》第三章的这段文字,是其绝佳说明:"生于主前的每位圣哲,不管属于犹太教或非犹太教,都是他的先驱。基督教未诞生之前的整部人类宗教史,好的一面都在为基督铺路。这是事实,不必讳言。那从起初就照亮人的光,只可能愈照愈明,不可能变质。真理的'源头'绝不会半途窜起,如'空前未有'这流行的语词所影射的。"(曾珍珍译,台北:雅歌出版社,1995,第27页)路易斯《神话成真》(Myth Become Facts)一文,则对此问题作专门讨论,文见拙译路易斯神学暨伦理学文集 God in the Dock(华东师范大学出版社即出)第一编第5章。
② 英文大写的 One,指独一的真神 God。这种词语用法,略相当于汉语里的"太一"。

号,它们一点也不脆弱("只要用想象补足一下"①)。

【§26—28. 关于"丈夫是妻子的头"的教义】

不过,在提及这一异教圣礼时,我不敢不转过头来,防范将它与更高的无与伦比的奥秘(mystery)混为一谈。正如在那个简单举动中,自然(nature)为男人加冕;在那个永远的婚姻关系中,基督教律法也给他加冕,授予他——我是否应该说是强加给他——某种"领导权"(headship)。② 这是个大不相同的加冕礼。恰如我们容易将自然奥秘太当回事,我们也会将此基督教奥秘不太当回事。基督教作家(尤其是弥尔顿)③,有时候谈起丈夫的领导权,其洋洋得意,令人心寒。我们必须回到我们的经书。丈夫是妻子的头,但前提是,他之与她,恰如基督之于教会。他之爱她,恰如基督之爱教会——再往下读——并为她舍己。(《以弗所书》

---

① 原文是"if imagination mend them",语出莎士比亚《仲夏夜之梦》第五幕第一场忒修斯之口。更长一点的台词是:"最好的戏剧也不过是人生的一个缩影;最坏的只要用想象补足一下,也就不会坏到什么地方去。"(《莎士比亚全集》第一卷,译林出版社,1998,第 379 页)

② 关于"丈夫是妻子的头"的教义,路易斯在《返璞归真》卷三第 6 章做过详细辩护。

③ 参弥尔顿《失乐园》卷四,尤其是第 440—443 行:夏娃这样答道:"啊,我是你的肉中之肉,为你,并从你而造,没有你,就没有目的,你是我的导引,我的头,你说的都正确。"(朱维之译)

五章25节)①这样说来,这个领导权最充分之体现,并不在于人人都想做的那种丈夫身上,而在于这样一个人身上,婚姻于他就像十字架受难,妻子得到最多却付出最少,最配不上他,论其天资最不可爱。因为教会,除去新郎给予她的,没有美;②他并未发现她美,而是使得她美。这个可怕的加冕礼的圣油,不是涂在男子成婚之喜悦上,而是涂在其悲摧上,在其好妻子的病痛上或在其坏妻子的毛病上,在他的不知疲倦的(从不显摆)照料上,或他海量的赦免上——是赦免,不是默许。恰如尘世之教会,虽丑陋、骄傲、狂热或冷淡,但基督看到这位新娘终有一日会变得纯洁无瑕,并为此纯洁无瑕而努力;有着基督一样的领导权的丈夫(而且不容他成为别样),从不绝望。他是又一个科菲多亚王,过了20年,仍旧希望着那个女叫花子,终有一日会讲真话,会洗一下耳朵背后。③

---

① 《以弗所书》五章22—25节:"你们作妻子的,当顺服自己的丈夫,如同顺服主。因为丈夫是妻子的头,如同基督是教会的头,他又是教会全体的救主。教会怎样顺服基督,妻子也要怎样凡事顺服丈夫。你们作丈夫的,要爱你们的妻子,正如基督爱教会,为教会舍己。"

② 按基督教教义,耶稣基督是教会的新郎。

③ 科菲多亚王(King Cophetua),传说中的一个非洲国王,他厌弃所有女性。有一天,透过王宫窗户看到大街上的一位乞丐女,一见钟情,非她不娶。二人终成眷属,生同衾死同穴。莎士比亚戏剧多次提及这一传说,如《爱的徒劳》(*Love's Labour's Lost*)第四幕第一场,《罗密欧与朱丽叶》(*Romeo and Juliet*)第二幕第一场。

这可不是说,缔结这样一桩卷入此类悲苦的姻缘,还有什么德性或智慧。寻求无谓的殉道,刻意招惹迫害,没什么智慧或德性可言;话说回来,正是在遭迫害的或殉了道的基督徒身上,主的样式(the pattern of the Master)才最清楚无二地得到实现。同理,一旦缔结了这等可怕姻缘,他若还能持守丈夫的"领导权",就最像基督了。

最强硬的女性主义者,不必为异教或基督教之奥秘里给我这个性别所奉上的冠冕而耿耿于怀。因为这冠冕,一个是纸糊的,另一个则是荆棘做的。① 真正的危险,并不是丈夫们会迫不及待地抓起后一个冠冕,而是他们会容许或强迫妻子们篡夺此冠冕。

【§29—30. 情爱:庄而谐】

现在,我就从维纳斯,情爱中的肉欲成分,转向情爱整体。在此,我们将会看到,同一样式再次出现。恰如情爱中的性爱,其实并不以快感为鹄的;情爱,也不以幸福为鹄的。我们或许以为,情爱会以幸福为鹄的。但情爱受到考验时,就证明恰恰相反。每个人都知道,藉着证明其婚姻不会幸

---

① 耶稣受难前,被戴上荆棘冠冕。

福,试图分开一对恋人,徒劳无功。这倒不只是因为他们不会信你。无疑,他们通常不信你。可是,即便他们信,你也劝不住。因为,这正是情爱之标志。处于情爱中时,我们宁愿跟爱人共患难,也不愿在别的条件下独享幸福。即便一对恋人,都心智成熟,人情练达,都知道伤透了的心终会愈合,都能清楚预见,他们若硬下心来,撑过当前的别离之苦,十年之后,保准比立即结婚更幸福,就算这样吧,他们还是不会分手。所有这些算计,都与情爱漠不相关——恰如卢克莱修的冷静得近于野兽的判断,① 与性爱漠不相关。哪怕是跟恋人成婚不可能走向幸福,已经是一清二楚——哪怕这桩婚姻带不来别的生活,除了照顾一位无法治愈的残疾人,除了穷困潦倒,除了颠沛流离,除了忍辱负重——情爱也会毫不犹豫,说:"这也强过分离。宁愿有她而受苦,也不愿无她而幸福。要心碎,一起心碎。"要是我们的心声不是这样,那就不是情爱发出的声音了。

这正是情爱的庄严之处,也是情爱的可怕之处。不过请注意,就像前面谈性爱时那样,伴随着这一庄严(gran-

---

① 参本章第 5 段及译者脚注。

deur)的,还有顽皮(playfulness)。情爱,和性爱一样,也是无数笑话之题材。哪怕一对恋人之处境,如此悲情,旁人一无例外,都忍不住落泪,恋人本人——身处穷困,身处病房,探监日隔窗相望——却时不时喜出望外,那个喜劲,令旁观者(可不是他们本人)为之怆然动容。说嘲弄必然就是敌意,没有比这更错的了。除非有个孩子作嘲弄对象,恋人们总是彼此嘲弄。

【§31—36. 情爱,易成为神】

正是在情爱的庄严之处,包藏着祸根。情爱,以神的口吻发话。情爱之全心投入,情爱之置幸福于度外,情爱之舍己为人,听起来仿佛就是来自永恒世界的消息。

然而,就事论事(just as it stands),这不可能是上帝亲口发话。因为情爱(Eros),以那种庄严口吻说话,展现那种奋不顾身,既可促成善事,也可导致恶行。相信导致罪恶的爱——更兽性更微不足道——总是品质上低于那走向忠贞的、成功的又合乎基督的婚姻的爱,再浅薄不过。导致虐待对方发假誓骗对方联姻的那种爱,甚至导致相约自杀或谋杀的那种爱,不大可能会是游荡的肉欲或空虚的感情。它完全可以是光彩照人的情爱;诚挚得心碎;只要不断绝关系,牺牲啥都行。

史上有些个思想流派，认为情爱之声音就是某些确实超越（transcendent）的东西，并试图为情爱之律令正名。柏拉图会说，"坠入爱河"，是先前在天上就彼此配对的两个灵魂，在尘世彼此相认。遇到恋人，就是实现"我们生前之恩爱"。①作为一个神话，以表达恋人之感受，这话令人叹赏。不过，要是有人信以为真，他就会面临一个尴尬结局。我们就不得不得出结论说，在那被遗忘的天界生活里，事情之安排也不比尘世强多少。因为，情爱会让那最不适合的配对；许多婚姻，并不幸福，而且不幸可以预见，还都是自由恋爱的结果。

---

① 这是柏拉图《会饮篇》里阿里斯托芬献给爱神的颂歌。他说，最初的人类，是"圆球人"，除头和颈以外，身体各部分都是现有的两倍。这种圆滚滚的存在有三种：男的，女的，还有男女两性的合体。之所以这样是因为："男人原本是太阳的后裔，女人原本是大地的后裔，既男又女的人则是月亮的后裔，因为月亮本身自己也兼有二者。这两者［男女两者］本身和行走都是圆的，因为像生他们的父母。"(190a8—b5)他们的体力和精力都非常强大，生非分之想，欲跟诸神一比高下。宙斯不能让他们这样无法无天，但也不能将人类灭掉，因为这样"诸神就再也得不到从人那里来的崇拜和献祭"。他想出了一个万全之策，就是将这种"圆球人"劈成两半。从此人类变得残缺不全，为追求完整，通常会终其一生寻找曾经的另一半。这种强烈的欲望就是爱欲："［人的］自然被切成两半后，每一半都急切地欲求与自己的另一半相会，他们彼此紧紧抱住不放，相互交缠，恨不得合到一起"(191a5—b1)；"所以，很久很久以前，人身上就种下了彼此间的爱欲，要回复自己原本的自然，也就是让分开的两半合为一体，医治人的自然"(191c7—d3)。上引文字，均见列奥·斯特劳斯《论柏拉图的〈会饮〉》(邱立波译，华夏出版社，2012)。

在我们自己的时代,最易被接受的一个律令,我们或可称之为萧伯纳式浪漫主义——萧伯纳本人则会说是"元生物学"(metabiological)浪漫主义。依照萧伯纳式浪漫主义,情爱的声音就是"生命冲动"①或生命力(Life Force)的声音,是"进化欲"(evolutionary appetite)的声音。② 情爱挟裹

---

① 尼古拉斯·布宁、余纪元编著《西方哲学英汉对照辞典》(人民出版社,2001)释"生命冲动"(*élan vital*):

[在法文中,*élan* 表示"力量"或"冲动"]这是法国哲学家 H. 柏格森使用的一个中心概念,在《创造的进化》中引入并被译成"生命冲动"或"活的冲动"。柏格森受到达尔文进化论的影响,但认为进化不可能是一个随机的自然选择过程。他论证说,这个理论无法解释为什么生物进化导致越来越大的复杂性。因此,他假定有一种在进化过程之下并决定它的生命冲动的存在。生命冲动是一种不能被科学解释的力量,但它充斥于整个自然并以无数的形式来表现自己。它推动着自然,去进化到新的、不可预见的有机结构形式里:由此而使进化成为一个创造的而不是机械的过程。柏格森否认他引入"生命冲动"是为了将它当做一个理论存在物,以便使进化成为目的论意义上的过程;他所主张的倒是,生命冲动最完全地表现在人类理智中。因此,人类理性是进化的最高层次。

② 萧伯纳的"生命力"(Life-force)这一概念,是其社会政治思想的一部分。他断言,每一社会阶级都为自身目的服务,上层阶级及中层阶级在斗争中都胜利了,而工人阶级失败了。他谴责他那个时代的民主体系说,工人遭受贪婪雇主的无情剥削,生活穷困潦倒,因过于无知与冷漠无法明智投票。他相信,一劳永逸地改变这一缺陷,依赖于出现长命超人。超人有足够的经验与智力,故能统治得当。这一发展过程,人称"萧伯纳优生学"(*shavian eugenics*),他则称为 *elective breeding*(优选生育)。他认为,这一过程受"生命力"驱动。生命力促使女人无意识地选择那最有可能让她们生下超级儿童的配偶。萧伯纳拟想的这一人类前景,最集中地表现于戏剧《千岁人》(*Back to Methuselah*,又译《长生》)之中。

某对情侣,只是为寻找超人的父母(或先祖)。它毫不在意他们的幸福,不在意道德律,那是因为它瞄准的是萧伯纳想来远远重要得多的目标:我们这个物种的未来完善。然而,即便这一切都所言不虚,还是没说清,我们是否应该顺从它——假如应顺从,为什么?呈现给我们的一切关于超人的画面,毫无吸引力,以至于人为了避免生下个他,会马上发誓独身。再说了,该理论确实会引人得出结论,生命力对它(或者说她?或他?)自己的事务,也不甚了了。就我们所见,情爱之存在及炽烈,保证不了俩人生出令人满意的后代,甚至保证不了会生出后代。两个好"血统"(配种师意义上的),而不是一对好的恋人,才是生出优秀孩子的良方。就在生儿育女很少仰赖相互爱恋却极大依赖于包办婚姻、奴隶制以及强奸的无数世代,生命力到底做了些什么?难道说,它只是刚刚才萌发出这个改良人种的漂亮念头?

无论是柏拉图式的或萧伯纳式的性爱超验论(erotic transcendentalism),都帮不了基督徒。我们不是生命力的崇拜者,对前世生活也一无所知。当情爱发话,最像神的口吻,我们切莫无条件服从。我们也切莫忽视或试图无视这个神一般的品质。这种爱,确实且真的就像神爱(Love Himself)。这里,确实有个跟上帝的相近之处(肖似之接近);但是,因而且必然就不是趋向之接近(nearness of Approach)。对于我们,情爱,在爱上帝以及爱邻人所允许的范围内得到尊崇,会成为趋向之接近的一个津梁。其全心投入,是植根于我们天性之中的一个范式(paradigm)或范例,昭示我们该如何去爱上帝和人。恰如对于自然爱好者而言,自然使"荣耀"一词具体可触;同理,情爱亦使"仁爱"(charity)一词具体可触。仿佛是基督透过情爱向我们说话:"你就应这样爱我和我弟兄中最小的一个——就像这样——慷慨大方——不计成本。"①当然,我们对情爱的有条件的尊崇,因情况而异。一些人,需要的是彻底放弃(但不是鄙夷)。另一些人,情爱依然是其动力是其模范,则可踏上婚姻之途。婚后生活里,仅有情爱永远不够——只有得到更高的原则之砥砺和巩固,情爱才会存活下来。②

---

① 《马太福音》廿五章40节:"我实在告诉你们:这些事你们既作在我这弟兄中一个最小的身上,就是作在我身上了。"

② 路易斯《返璞归真》卷三第6章:相爱是好事,但不是最好的事,有很多事不及它,但也有很多事高于它,你不能把它当作整个人生的基础。相爱是一种崇高的感情,但是它终归是感情,没有一种感(转下页注)

然而,得到无限尊崇无条件遵从的情爱,会沦为魔。正是情爱要求享此待遇。漠然无视我等之自私自利,它神圣;上帝或人的任何命令,只要跟它对立,它就魔鬼般叛逆。因而,恰如一位诗人所言:

> 恋爱之人不为善心所动,
> 阻拦只会增其殉道之心。①

"殉道"一词,贴切。多年前,我著书论中世纪爱情诗,描述了中世纪那个奇怪的半虚幻的"爱的宗教"(religion of love)。那时,我盲目得可以,竟几乎将它当作一桩纯文学

(接上页注)情我们可以期望它永远保持在炽烈的状态,我们甚至无法期望它保持下去。知识可以永存,原则可以继续,习惯可以保持,但是感情转瞬即逝。实际上,无论人们说什么,所谓"相爱"的那种状态往往不会持续。如果我们把"他们从此幸福地生活在一起"这个古老的童话故事的结尾理解为"在随后的五十年里他们的感觉和结婚前一日完全一样",那么,这个结尾讲述的可能是一件从未真实,也永远不会真实,倘若真实便令人非常讨厌的事。哪怕只在那种激情中生活五年,也没有谁能够忍受。……第二种意义上的爱,即有别于"相爱"的爱,不只是一种情感,还是一种深层的合一。它靠意志来维持,靠习惯来有意识地增强,(在基督徒的婚姻中)还靠双方从上帝那里祈求获得的恩典来巩固。(汪咏梅译,华东师范大学出版社,2007,第113页)

① 原文是:People in love cannot be moved by kindness, /And opposition makes them feel like martyrs. 未知语出何处。

现象看待。① 现在,我知道了。爱的宗教,是情爱之本性使然。一切爱之中,情爱在巅峰状态,最像神;因而,最有可能要我们崇拜。情爱自己总是倾向于将"相爱"变成某种宗教。

【§37—41. 爱的宗教】

神学家通常担心,在情爱中有偶像崇拜的危险。我想,他们的意思是,恋人们会彼此以对方为偶像。可依我看,真正的危险不在这儿;当然,也不在婚姻里。婚姻生活里的那种惬意的平淡(deliciously plain prose),那搭伴过日子的亲密(business-like intimacy),还有那几乎一无例外地包裹了情爱的亲情,都使得偶像崇拜荒唐可笑。而在求爱期(courtship),即便有人感到对自有永有者(the Uncreated)的渴望,抑或梦想着感到这丝渴望,我也怀疑,他是否就以为恋人会满足此渴望。② 作为一个受此渴欲煎熬的同道,也即作为朋友,恋人或许还算相干,既增色不少,也于事有益;可是作为渴望之对象——好吧(恕我直言),就可笑了。

---

① 指路易斯的《爱的寓言》(*The Allegory of Love*,1936)一书。
② 关于这一点,路易斯在《天路归程》(*The Pilgrim's Regress*)一书中有详尽揭示。拙译该书,华东师范大学出版社 2018 年即出。

在我看来,真正的危险不在恋人们会崇拜彼此,而是他们会崇拜情爱本身。

我的意思当然不是说,他们会为情爱筑个祭坛,向它祈祷。我所说的这种偶像崇拜,在对我们主这段话的流行曲解中可以见到:"她许多的罪都赦免了,因为她的爱多。"(《路加福音》七章47节)从语境来看,尤其是从前面的那个负债人的比喻来看,很清楚,这段话的意思必定是:"她对我的爱多,就是个证据,证明我已赦免的她的罪有多大。"①(经文里的"因为",恰如"他不可能外出,因为帽子还挂在大

---

① 《路加福音》七章36—48节:有一个法利赛人请耶稣和他吃饭,耶稣就到法利赛人家里去坐席。那城里有一个女人,是个罪人,知道耶稣在法利赛人家里坐席,就拿着盛香膏的玉瓶,站在耶稣背后,挨着他的脚哭,眼泪湿了耶稣的脚,就用自己的头发擦干,又用嘴连连亲他的脚,把香膏抹上。请耶稣的法利赛人看见这事,心里说:"这人若是先知,必知道摸他的是谁,是个怎样的女人,乃是个罪人。"耶稣对他说:"西门,我有句话要对你说。"西门说:"夫子,请说。"耶稣说:"一个债主有两个人欠他的债:一个欠五十两银子,一个欠五两银子,因为他们无力偿还,债主就开恩免了他们两个人的债。这两个人哪一个更爱他呢?"西门回答说:"我想是那多得恩免的人。"耶稣说:"你断的不错。"于是转过来向着那女人,便对西门说:"你看见这女人吗? 我进了你的家,你没有给我水洗脚,但这女人用眼泪湿了我的脚,用头发擦干;你没有与我亲嘴,但这女人从我进来的时候就不住地用嘴亲我的脚;你没有用油抹我的头,但这女人用香膏抹我的脚。所以我告诉你,她许多的罪都赦免了,因为她的爱多;但那赦免少的,他的爱就少。"于是对那女人说:"你的罪赦免了!"

厅里呢"里的"因为";帽子在这儿,不是他就在屋里的原因,但却是他就在屋里的一个大致不差的证据)。① 然而,许多人却并不这样看。没任何凭据,他们一开始就假设,她的罪是不贞,尽管我们都知道,罪有可能是放高利贷,欺骗买主或虐待孩子。接着他们就认为,主的意思就是:"我赦免了她的不贞之罪,因为她爱得如此之深。"其言外之意就是,伟大的情爱开脱——甚至认可——甚至圣化了情爱所导致的任何行动。

恋人们说起某些会遭谴责的行为时,会说"爱让我们这样做"。这时,留意那口气。人说,"我这样做因为我害怕"或"我这样做因为我正在气头上",口气就大不相同。他在为自己感到需要原谅的事情,找有情可原之处。但恋人们很少这样做。留意一下他们说"爱"这个词时,何等诚惶诚

---

① 路易斯曾指出,because(因为)一词太过含混,有可能指两种大不相同的关系:Because CE(缘于)和 Because GC(鉴于):事件之间的因果关系(the cause and effect relation)与命题之间的根据与推断关系(the ground and consequent relation),泾渭分明。鉴于英语使用 because(因为)一词,是此二义混用,我们姑且用"缘于"(Because CE)来表示因果关系("这个洋娃娃总不倒,缘于它的脚重"),用"鉴于"(Because GC)来表示根据与结论之关系("A 等于 C,鉴于两者都等于 B")。(见路易斯的神学暨伦理学论文集 *God in the Dock* 第一编第 16 章,拙译该书华东师范大学出版社即出)

恐,何等笃信虔敬。他们不是在寻求"开脱",而是在诉诸权威。那自白,差不多就是自诩。其中还可能有一丝不屑。他们"感到就像殉道者"。在极端情况下,他们的话其实表达的是对爱神(the god of love)的忠诚,故作庄重却又不可动摇。

弥尔顿笔下的黛利拉说:"在爱的律法中,这道理是金科玉律。"①关键是"在爱的律法中"。"相爱"时,我们有自己的律法,自己的宗教,自己的神祇。面对真情挚爱,违抗它的命令感觉就像是离经叛道。其实是试探的东西(依基督教标准),却以义务的口吻说话——准宗教义务,法令热诚去爱(acts of pious zeal to Love)。情爱环绕恋人树立自己的宗教。本杰明·贡斯当留意到,情爱如何在短短几周

---

① 原文为:"These reasons in love's law have passed for good."语出弥尔顿的古典悲剧《斗士参孙》第811行。朱维之译作:"按爱情的规律说,人们都会谅解。"金发燊译作"这道理在爱情的规律中是金科玉律。"为保持文脉畅通,拙译改写了金发燊先生之译文。

黛利拉(Dalila,朱维之译作大利拉)是参孙的妻子。她以爱为名出卖了参孙,使得具有超人勇力的参孙失去了神力。她知道她做了恶事,却又理直气壮,因为她说:"这道理在爱情规律中是金科玉律,/虽有人也许会觉得愚蠢、无理性;/爱情用意好,常惹起无穷苦恼,/却总是得到怜悯或宽恕。"(第811—814行,金发燊译,广西师范大学出版社,2004)

或几月内,为恋人们创造一个仿佛地老天荒的共同过去。①他们带着惊奇和敬意不断重温这段过去,就像诗篇作者重温以色列历史那般。这段过去,事实上就是爱的宗教的《旧约》,记载了爱对它所拣选的这一对的审判和悲悯,直记载到他们首次得知是恋人为止。此后,《新约》就开始了。他们如今在新律法之下,活在(此宗教里)相应的神恩(Grace)之中。他们是新的受造。情爱的"灵"(Spirit)取代了一切律法,他们定不"辜负"它。

原本不敢做的一切行为,仿佛都得到认可。我说的可不只是,或主要不是不贞行径。同样可能会指那些对外部世界的不仁不义之举。这些行径,仿佛成了对情爱之虔诚或热情的证明。情侣差不多会抱着一种牺牲精神彼此说:

---

① 贡斯当(Constant,1767—1830),法国小说家、政论家,生于瑞士。在政治哲学领域,以《古代人的自由和现代人的自由》闻名,以赛亚·伯林曾将贡斯当与穆勒并列,誉为"自由主义之父";在文学领域,中篇小说《阿道尔夫》(1816)开现代心理小说之先河。路易斯所说的这段典故,出自《阿道尔夫》第3章:
我叫她复述那些最小的细节,这篇数星期的故事在我们仿佛是一生的故事了,爱情填补了辽远的记忆,有如出于神工鬼斧。其他一切的感情皆需要一个过去:爱情仿佛用魔法,创造一个包围我们的过去。爱情好像给了我们一种新感觉,令我们觉得已经同一位昨天还差不多完全陌生的人一块儿生活过多少年了。(卞之琳译,安徽教育出版社,2007,第27页)

"为了爱,我不顾父母——撇下孩子——欺骗老伴——友人危难之时却辜负了他。"爱的律法中的这些理由,一向正当。这些信徒甚至会逐渐感受到此等牺牲中的一种特别美德(a particular merit);在爱的祭坛上,还有什么祭品会比一个人的良心更珍贵呢?

【§42—46. 对情爱,既不崇拜,也不拆穿】

一直以来,讽刺的是,这种声音仿佛来自永恒天国(eternal realm)的情爱,本身甚至必然并不持久。一切爱之中,它的短命已是臭名昭彰。这个世界上,回响着对其水性杨花的抱怨。令人困惑的则是,这一水性杨花与其海枯石烂之组合。相爱,既是意在终身相守,又是承诺终身相守。爱的誓言,不请自来,无法阻挡。"我会永远爱你,"差不多是他一开头差不多要说的。这不是虚伪,而是真诚。这种幻觉,没有经验可以治愈。我都听说过,一些人差不多每过几年,重新相爱一次;每一次都信誓旦旦,"这次是真爱",他们不再漂泊,找到了真爱,至死不渝。①

---

① 详参路易斯《我们并无幸福权》(We Have no "Right to Happiness")一文。文见路易斯文集 God in the Dock 第三编第 9 章,拙译该书华东师范大学出版社即出。

可话说回来,从某种意义上讲,情爱有权如此承诺。坠入爱河这件事,其本性就在于,我们拒绝接受坠入爱河都不长久这一说法,认为这说法不堪忍受。纵身一跃,它翻越了一己之私这座高墙;它使得欲望本身变得无私,使一己幸福不值一顾,将另一个人的利益变为我们生活之中心。不费吹灰之力,我们自发地成全了爱人如己这一律法(虽然只对一个人)。它是个"象"(image)①,是一次预尝(foretaste),表明了假如神爱(Love Himself)成了我们内心不可挑战之主宰,我们对一切人必定是什么样。它甚至就是(要是处置得当)此事之预备;而索性弃绝情爱,"跳出爱河",容我造个丑词,则是一种"反救赎"(disredemption)。因此,人才会驱迫情爱去做出它自己无法兑现的承诺。

我们是否会在这样一种无私之自由(selfless liberation)中,过上一生? 连一周都不能。即便在爱得最深的恋人之间,这一境界,也是断断续续。往昔之我只是装死,很

---

① 此处将 image 一词译作"象",取《易·系辞上》"圣人立象以尽意"之意。王弼《周易略例·明象》:"夫象者,出意者也;言者,明象者也。尽意莫若象,尽象莫若言。言生于象,故可寻言以观象;象生于意,故可寻象以观意。意以象尽,象以言著,故言者所以明象,得象而忘言;象者,所以存意,得意而忘象。"

快就会活过来——跟宗教归信后如出一辙。在恋人双方，往昔之我只是被暂时打倒；他很快就会站起来；即便不是站起来，也会爬起来；即便不是怒吼，至少也会又重新嘟嘟囔囔或哭哭啼啼。性爱，也往往会退回到纯粹的性欲。

不过这些沦落，倒不会毁掉两个"有修养又明智的"（decent and sensible）人的婚姻。崇拜情爱的夫妇，其婚姻定然有此威胁，并可能被毁。他们以为，情爱具有神一样力量，神一般可信。他们指望着，单单感情（mere feeling）就让他们诸事皆遂，而且是一劳永逸。指望落空，他们就对情爱横加指责，或更常见的，指责伴侣。可实际上，情爱既然立下海誓山盟并让你瞥见该如何兑现，它就"尽了本分"。它，就像教父教母，立誓；必须持守誓言的，是我们。正是我们，必须竭力让日常生活与那一瞥所揭示的东西日趋一致。情爱不在场时，是我们必须做情爱的这份工作。这，一切好恋人（good lover）都知道。尽管那些不善反思不善言辞的人，只能用几句老话来表达，说些"苦中有甜"，"莫期许太高"或"讲点实际"之类的话。而且，一切好的基督徒恋人都知道，这个打算听似低调，实则难于实现，除非藉助谦卑（humility）、仁爱（charity）和神恩（divine grace）；这其实就是从一特定角度,所看到的基督徒生活之全部。

这样说来,情爱也和别的天性之爱一样,暴露了其真实地位,只不过更触目。之所以更触目,缘于它的力量、甜蜜、恐怖及高调。情爱,仅凭自身,无论如何成不了它必须的那个样子,要是情爱只是情爱的话。它需要帮助;因而需要规矩。爱神(the god),除非顺从上帝(God),否则就或死去,或沦为魔。不顺从上帝,要是它总是一死了之,那倒也好。可是它或许会活下来,无情地将两个相互折磨之辈强拴在一起:双方都因爱恨交织而遍体鳞伤,双方都贪于索取,都吝于付出,嫉妒,猜疑,憎恨,争占上风,决意自由却不许对方自由,靠"吵架"度日。读一读《安娜·卡列尼娜》吧,不要以为这种事只发生在俄国。恋人们的惯用夸张——恨不得将对方"一口吞下"——倒可能接近真相,虽然令人毛骨悚然。①

---

① 路易斯《魔鬼家书》第18章:"整个地狱哲学的根基建立在一个公理之上,即此物非彼物、是己则非彼。……一个自我的所得必为另一自我的所失。……这种'吸收'对于野兽而言,是以撕咬吞食的形式出现;对于我们而言,这就意味着一个弱者的意志和自由被一个强者吞没。"(况志琼、李安琴译,华东师范大学出版社,2010,第68—69页)

6 仁爱
Charity

【§1—2. 爱并不够】

威廉·莫里斯(William Morris)写过一首诗,名曰《爱就足够》。① 据说,有人做过简短评论,只俩字:"不够"。这俩字,就是本书的任务。天性之爱(natural loves),并不自足。某种别的东西——起初模模糊糊形容为"修养和常识"

---

① 网上有该诗中译文,全文如下:"爱就足矣:哪怕万物凋零,/森林无声,只有呜呜悲鸣;/哪怕天色昏暗,模糊的双眼无法望见/毛茛和雏菊争艳天边;/哪怕峰峦如影,海洋深邃如谜,/岁月如纱,遮掩住所有往事旧迹,/但他们的双手不会颤抖,脚步不会犹疑;/单调不会令他们厌倦,畏惧不会令他们改变/爱人们彼此相对的唇和眼。"

(decency and common sense),随后表明就是"善"(goodness),最终表明则是特定关系中的基督徒生命(the whole christian life)——必须来襄助这一感情,要是这感情还想保持甜蜜的话。

这样说,可不是小瞧天性之爱,而是指出其真正荣美(glory)所在。说一座花园不会为自己筑篱锄草,不会修剪自己的果树,修整自己的草坪,那可不是诋毁。花园是好东西,但它拥有的不是这种好。仅当有人为它做了这些事,它才能够仍旧是个花园,与荒野截然有分。花园的真正荣美,是另外一种。它需要持续不断的清整修剪,这个事实,恰好见证了那一荣美。花园,生机盎然。花香四溢,五彩缤纷,一派天国气息。夏日,它每时每刻所奉送的美,人永远无法创造,甚至可以说,人仅靠自己的那点本事都无法想象。要是你想看看花园和园丁的不同贡献,那就把花园里再普通不过的草,跟园丁的鞋子耙子剪子除草剂放在一起,你就会看到,一边是美、活力及丰饶,一边是死的没有生气的东西。同理,我们的"修养和常识",在爱的温暖(the geniality of love)旁边,显得苍白,死气沉沉。花园百草丰茂之时,园丁对此荣美的贡献,与自然的贡献相比,在某种意义上微不足道。没有土地发出来的生命,没有上天降下来的雨露、阳光和热量,园丁一筹莫展。即便竭尽所能,园丁也不过是,对那些另有源头的力量和美,这里增益些,那里减损些。不过他的份额,虽小,却不可或缺,且费尽心血。上帝曾开辟花园,祂托人去管,让此人听命于祂。① 上帝也曾开辟我们的人性这座花园,以便能开花结果的爱在花园里成长,祂派我们的意志(will)来"除草施肥"。跟爱之花相比,意志干枯冰冷。而且除非祂的恩典,如阳光雨露般降临,否则意志就无所可用。不过,意志的费尽心血的——而且大致是否定性的——努力,不可或缺。如果说花园还是乐园(Paradisal)那阵就需要园丁,那么现而今,土壤已酸化,杂草仿佛恣意蔓延,那又该多么需要?不过,上天不容我们抱着道学先生和斯多葛派的心态去工作。修修剪剪时,我们深知,自己所修剪的东西里,充满光华与活力,那可是我们的理性意志

---

① 这是基督教里著名的"托管说"。《创世记》一章26—28节:神说:"我们要照着我们的形像,按着我们的样式造人,使他们管理海里的鱼、空中的鸟、地上的牲畜和全地,并地上所爬的一切昆虫。"神就照着自己的形像造人,乃是照着他的形像造男造女。神就赐福给他们,又对他们说:"要生养众多,遍满地面,治理这地。也要管理海里的鱼、空中的鸟,和地上各样行动的活物。"

(rational will)永远无法提供的。我们的部分目标就是,释放此光华,成全它,让花园长出参天大树而非盘根错节的矮藤,长出美味的苹果而非沙果。①

【§3—5. 缘何不宜早谈天性之爱与爱上帝的争竞关系】

但这只是部分目标。因为我们必须面对一个搁置已久的话题了。目前,本书就我们的天性之爱与爱上帝(the love of God)的争竞关系,几乎未置一词。现在,这个问题不容回避了。至于拖延,原因有二。

一个原因是,前文已有暗示,我们绝大多数人不需要从这个问题入手。一开始,它很少"切合我们的境遇"。对我们绝大多数人而言,真正的争竞,在自我与他人(the human Other)之间,而不是在他人与上帝之间。当一个人的真正困难还在于尘世之爱尚还不足之时,给他强加个超越尘世之

---

① 路易斯《给孩子们的信》:"责任是爱(上帝之爱与人之爱)的替补品,就像拐棍是双腿的替补品一样。大多数人总有需要拐棍的时候,但如果我们自己的双腿(我们的爱、品味、习惯等等)可以自己走路,却要用拐棍来完成我们的旅程,那就比较傻了。"(余冲译,华东师范大学出版社,2009,第90页)。关于爱与意志,美国存在主义和人本主义心理学家罗洛·梅(Rollo May)在《爱与意志》(*Love and Will*,1969)一书中,亦有精到之论:"没有爱的意志会成为一种操纵……而没有意志的爱,在我们今天,则成了一种无谓的感伤和实验。"(冯川译,国际文化出版公司,1987,第1页)

爱的义务,那很危险。爱同类爱得少,却想象着之所以这样,是因为我们正在学着爱上帝,这无疑容易之至,只不过真正原因或许完全不是如此。我们或许只是"误将年老体衰认作恩典加增"①。很多人发现,要恨妻子或母亲,的确并不难。莫里亚克②曾写过这么一幕,别的门徒都被这一奇怪诫命吓坏了,都迷惑不解,但犹大除外。他欣然接受。③

---

① 原文为:mistaking the decays of nature for the increase of Grace. 语出班扬《天路历程》第二部。该犹讲了一个故事:"从前有两个奔走天路的人,一个从年轻的时候就开始走这条路,另一个等到年纪大了才开始走。那个年轻小伙子得跟那败坏的品质作艰辛的斗争;而那个老人呢,他已精力衰退,老迈腐朽。然而那年轻人的步履跟那老年人同样平稳,而且轻松的程度丝毫不亚于老年人。"该犹问,这俩人哪个身上神的恩典多?诚实先生回答说,当然是那个年轻人。(见西海译《天路历程》,上海译文出版社,1983,第287页)

② 弗朗索瓦·莫里亚克(François Mauriac,1885—1970),法国文学家、天主教平信徒,诺贝尔文学奖得主。以其文学著作,表达基督信仰主要教义,即罪人在寻求藉恩宠的整体性解放。著有《基督徒的痛苦与幸福》(Souffrances et bonheur du chrétien,1931)、《耶稣的生平》(Vie de Jésus,1936)等。

③ "这一诫命"是指《马太福音》第十章21节:"弟兄要把弟兄,父亲要把儿子送到死地;儿女要与父母为敌,害死他们。"关于犹大的这个典故,路易斯在《民族悔改之危险》一文曾有叙述:莫里亚克的《耶稣的生平》,有一章令人震惊。当主说起弟兄为敌、儿女与父母为敌时,除了犹大之外,其他门徒都吓坏了。犹大视为理所当然。他喜欢这话,就像鸭子喜欢水:"犹大问:'有啥大惊小怪的?'……他爱基督,爱的只是自己对事物的看法,对人性堕落的属灵姿态。"文见路易斯神学暨伦理学论文集 God in the Dock 第二编第1章,拙译该书华东师范大学出版社即出。

不过，在书中过早强调此争竞关系，另一方面也失于草率。我们的爱很容易作出的神性宣称（the claim to divinity），要驳倒它，用不着走这么远。这些爱自己就证明它们不配取代上帝。因为事实是，离开上帝的帮助，这些爱甚至无法维系自身，也兑现不了它们的承诺。一个小王子，离开皇帝支持，甚至无法保全王子之位，在他的小公国里维持不了半年的和平，我们为什么还要费心证明他不是合法皇帝呢？哪怕是为这些爱本身着想，如果它们不想变质，也必须甘居次要之事（the second things）。① 它们的真正自由，就在这一束缚之中；"屈身，方显伟岸"（taller when they bow）。② 因

---

① 路易斯在《首要及次要之事》（First and Second Things, 1942）一文里说，本末倒置，非但失本，而且失末。这个本，即路易斯所说的首要之事，末，即次要之事："把次要之事放在首位，你无法得到它；你只能藉把首要之事置于首位，取得那次要之事。如此一来，'什么事才是首要之事'这个问题，就不仅是哲学问题，而是每个人都该关切的事了。"文见路易斯神学暨伦理学论文集 God in the Dock 第三编第2章，拙译该书华东师范大学出版社即出。吾友杨伯对此"本末之辨"，曾做过出色发挥（见杨无锐《其实不识字：在汉字里重审生活》，天津人民出版社，2016，第227—231页）

② 语出英国作家切斯特顿（G. K. Chesterton, 1874—1936）的《永在的人》（Everlasting Man, 1925）第一部分第5章倒数第四段。该书尚无中译本，兹抄录原文如右，不加妄译，但愿无偷懒之嫌："The posture of the idol might be stiff and strange; but the gesture of the worshipper was generous and beautiful. He not only felt freer when he bent; he actually felt taller when he bowed. Henceforth anything that took away the gesture of worship would stunt and even maim him for ever."

为,上帝主宰人心时,尽管祂有时不得不移除人心中某些固有权威,但祂还是经常留下别的一些权威,藉着让这些权威服从祂的权威,从而第一次给祂的权威一个坚实根基。爱默生曾说:"半人半神走了,神就来了。"①这句格言,模棱两可。最好这样说:"当上帝来临,(也只有在这时)半神才能保住。"让它们自决,它们要么消逝,要么沦为魔。只有在祂的名义下,它们才能安全、优雅地"挥舞它们的小小三叉戟"。② 反叛标语"一切为了爱",③着实是爱的死亡令(只不过行刑日期待定而已)。

【§6—11. 爱与安全考量毫不相干】

不过争竞关系的问题,因上述原因迁延已久,现在则必须加以探讨了。在以往任何时代,19 世纪除外,论爱书籍

---

① 原文为:"When half-gods go, the gods arrive."语出爱默生的名诗《为爱牺牲一切》(Give All to Love)最末两行。该诗最后一节:"虽然你爱她,把她当自己一样,/把她当作一个较纯洁的自己,/虽然她离开了使日月无光,/使一切生物都失去了美丽,/你应当知道/半人半神走了,神就来了。"(张爱玲译)

② 小小三叉戟,典出弥尔顿的假面剧《科玛斯》(1634)之开篇。"佑助之神"这样描画海王涅普端:"海王照例宠幸他的下属诸神,/把这些岛屿分赏他们各自管理,/准他们戴碧玉冠,拿小小三叉戟。"(杨熙龄译,上海:新文艺出版社,1958,第 4 页)

③ "一切为了爱"(All for love)一语,可能典出爱默生的名诗《为爱牺牲一切》(Give All to Love),更可能典出德莱顿的同名悲剧。

里面,这个问题会自始至终赫然在目。如果说维多利亚时代的人,需被提醒说爱得不够的话,那么老一代的神学家则一直在大声说,爱(天性之爱)可能太多太多了。相比于我们偶像崇拜般地爱同类的危险,我们爱同类爱得太少这一危险很少出现在他们心中。在每位妻子、母亲、孩子和友人身上,他们都看到了上帝的一个可能对手。当然,我们的主也看到了(《路加福音》十四章26节)。①

有种方法倒能劝阻我们对同类的无度的爱(inordinate love)。不过我发觉,自己一开头就不得不加以拒绝。拒绝时,我很不安,因为我是在一个伟大圣徒和思想家的著作中碰到它的,对于此人,我可是感激都来不及呢!

在依然能催人泪下的那段文字里,圣奥古斯丁描述了朋友内布利提乌斯之死,给他所带来的伤痛(《忏悔录》卷四第10章)。接着他总结出一项教训。他说,这是将心灵献给别的事物而不是献给上帝的结果。所有人,终有一死。不要将你的幸福,寄托在你可能会失去的东西上面。如果爱要成为一个祝福,而不是一桩痛苦,那么,就必须爱那唯

---

① 《路加福音》十四章26节:"人到我这里来,若不爱我胜过爱自己的父母、妻子、儿女、弟兄、姐妹和自己的性命,就不能作我的门徒。"

——不朽的爱人(Beloved)。①

这当然非常明智。切莫将你的货物放在漏船里面。在一幢你或许被撵出去的房子上面，切莫花太多心血。面对这样的劝世良言，世人当中，还没有哪个人的响应比我更自然而然。我是个讲求安全第一的受造。在反对爱的所有论调当中，就我的本性而言，没有哪个比"小心！这会使你受苦"更能吸引我了。

就我的秉性和气质而言，是这样的；可就我的良知而言，就不是了。当我对此动心时，依我看，自己离基督千里之遥。要是我还能肯定些事情的话，那我就敢肯定，基督的教导可从来都不是意在肯定我对安全投资和有限责任的先天好尚。我怀疑自己身上有些东西，祂不太喜悦。有谁出于谨慎，因为还是安全点好，会开始去爱上帝呢？又有谁能把它纳入爱的原由之中呢？你会本着这样的精神，选择妻子或朋友么？假如真是这样，你差不多会选一条狗吧。就

---

① 奥古斯丁《忏悔录》卷四第 10 章："一个人的灵魂不论转向哪一面，除非投入你的怀抱，否则即使倾心于你以外和身外美丽的事物，也只能陷入痛苦之中，而这些美好的事物，如不来自你，便不存在。它们有生有灭，由生而长，由长而灭，接着便趋向衰老而入于死亡；而且还有中途夭折的，但一切不免于死亡。"(周士良译，商务印书馆，1963)

在算计之前,这人必定在爱的世界之外了,在一切爱之外了。只求爱人幸福的情爱,无法无天的情爱(lawless Eros),都比这更像神爱(Love Himself)。

我想,《忏悔录》里的这段文字,与其说是圣奥古斯丁的基督信仰的一部分,不如说是他曾浸淫其中的高调异教哲学之残余。它更切近斯多葛派的"不动心"(apathy)①或新柏拉图主义的神秘主义,而不是切近仁爱。我们追随的那个人,祂为耶路撒冷哀哭,在拉撒路墓前落泪,②虽爱所有人,却在一种特别的层面,"爱"一个门徒。③ 对我们而言,

---

① 关于斯多葛派的"不动心"(apathy),参见本书第二章第3段之脚注。

② 拉撒路(Lazarus),圣经人物,马大和马利亚的兄弟,住在伯大尼。他患病而死,四天之后,耶稣叫他从死里复活。事见《约翰福音》十一章1—45节。关于耶稣在拉撒路墓前落泪,路易斯曾这样过做过解释:

我们所跟从的那一位,站在拉撒路的坟前哭了——当然不是因为马利亚和马大哀哭祂才伤心,也不是因为他们信心太小(尽管有人这样解读)祂才伤怀,而是因为死亡。(见路易斯神学暨伦理学论文集 *God in the Dock* 第一编第17章,拙译该书华东师范大学出版社即出)

③ 这句话殊为难解。原文为:We follow One who wept over Jerusalem and at the grave of Lazarus, and loving all, yet had one disciple whom, in a special sense, he "loved."据译者臆断,这里所说的"一个门徒",应指拉撒路。说耶稣虽爱所有人,却在特别的层面,"爱"一个门徒,应当是在说,圣爱(或神爱),既是普世的又是个体的,既是"爱世人"也是"爱你"。说"特别",应当是说基督与个体的关系,永远是马丁·布伯所说的"我与你"的关系,个体在神的眼里是无可替代的。

圣保罗比圣奥古斯丁更权威——要是以巴弗提去世,圣保罗可丝毫没有表示,他不会像常人那般痛苦,也丝毫没有感到,他就不应这般痛苦。(《腓立比书》二章27节)①

【§12—14. 爱,直至成伤】

即便防止心碎是我们的至高智慧,这些防范是上帝亲自提供的么?显然不是。基督临终的话是:"我的神,我的神,为什么离弃我?"②

圣奥古斯丁所提议的路线,是条死胡同。别的路线,也是。这里没有安全投资。去爱,根本上就是,变得容易受伤。③ 爱任何东西,你必定会揪心,还可能心碎。要是想确保心不受伤,你必须不把心交给任何人,哪怕是动物。用怪

---

① 《腓立比书》二章27节:"他实在是病了,几乎要死,然而神怜恤他,不但怜恤他,也怜恤我,免得我忧上加忧。"

② 《马可福音》十五章34节。

③ 特蕾莎修女《爱的纯全》:"爱,直至成伤。"(Love until it hurts.)(上智文化事业编译,北方文艺出版社,2009,第110页)"必须爱到受伤的地步,才是真爱。"(Love, to be true, has to hurt. 第104页)罗尔斯《正义论》:"彼此相爱的或对人和生活形式有强烈依恋关系的人们同样易于毁灭:他们的爱使他们成了不幸或他人非正义的人质。朋友和恋人们在进行着互相帮助的冒险,家庭成员也乐于做同样的事。……我们一旦在爱就易受伤害:没有任何爱准备去考虑是否应当去爱,爱就是这样。伤害最少的爱不是最好的爱。当我们在爱时我们就在冒伤害和损失之险。……如果正在爱我们就不会因为爱而悔恨。"(何怀宏等译,中国社会科学出版社,1988,第560—561页)

癖或声色犬马,谨小慎微地将心包裹起来;避免一切纠缠;将它安安全全地锁在你的自私这个保险箱或棺材里面。不过,在这个保险箱里——安全,黑暗,没有动静也没有空气——心会变质。不再心碎;心会变得坚不可摧,刀枪不入,无可救药。不想产生悲剧,或者至少说不想有悲剧之虞,唯一选项就是下地狱。天堂之外,唯一一块可让你完全免却爱的一切危险和扰攘的地方,就是地狱了。①

我相信,即便是最无法无天最非分无度的情爱,都不会比一种不请自来且明哲保身的一无所爱(lovelessness),更违逆上帝的意旨了。这跟那个将一千银子埋藏起来的仆人,如出一辙:"我原知道你是个刻薄的人。"②基督教导我们并为我们受难,可不是让我们更在意自己的幸福,哪怕是

---

① 路易斯《梦幻巴士》序言:"人所选的若是尘世而非天堂,结果将证明尘世一向只是地狱的一部分;而尘世,若是次于天堂,一开始就是天堂本身的一部分。"(魏启源译,台北:校园书房出版社,1991,第7页)

② 原文是:It is like hiding the talent in a napkin and for much the same reason. "I knew thee that thou wert a hard man." 典出《马太福音》廿五章14—30节"按才受托的比喻"。故事说,有个主人到外国去,把家业交给三个仆人。一个拿了五千,一个拿了两千,另一个拿了一千。拿五千和两千的两位,用主人的银子做买卖,分别赚了五千和两千,悉数上缴。拿了一千的那位,却把银子埋在地里,主人回来时原封不动交了回去。他自我解释说,这样做是出于害怕:"主啊,我知道你是忍心的人,(转下页注)

在我们的天性之爱中。对亲眼所见的尘世爱人,一个人要是免不了算计,那么,对于尚未眼见的上帝,就更不可能不算计了。我们接近上帝,不是靠想方设法回避一切爱内在固有的苦难,而是甘心领受苦难,将它们视为对主的献祭。卸去一切防身甲胄吧。要是心碎事属必需,要是为爱心碎是上帝的安排,那就心碎。

【§15—19. 爱的秩序】

一切天性之爱,都会非分(inordinate),这是不争的事实。"非分",并不是指"不够谨慎"。也不是指"太多"。"非分"不是个数量词。对任何人的爱,大概不可能"太多"。[①]或许相对于对上帝的爱,我们爱他是太多了;但是构成这一非分的,不是我们对人之爱的巨大,而是我们对上帝之爱的

(接上页注)没有种的地方要收割,没有散的地方要聚敛。"(和合本圣经《马太福音》廿五章 24 节)因"忍心"一词,词意有变,拙译此处采《圣经》思高本《玛窦福音》里的同节经文:"主啊,我原知道你是个刻薄的人,在你没有下种的地方收割,在你没有散布的地方聚敛。"另,路易斯原文中的 talent 一词,汪咏梅和王鹏都译作"才能",误。此词即和合本圣经里所说的"一千银子",思高本圣经译作"塔冷通"。

① 路易斯《梦幻巴士》第 11 章评价一位为儿子而活的妇女:"爱不会过度,只有不足。她爱她的儿子太少,不是太多。……很可能这时她正在要求她的孩子与她同下地狱。那种人有时候会把他们所爱的人拉入无尽的痛苦里,只要他们依然能够以某种方式拥有他的话。"(魏启源译,台北:校园书房出版社,1991,第 117—118 页)

贫乏。不过,这一点尚需进一步修正。否则,就会给一些人带来麻烦。这些人已踏上正途,却心中忐忑,因为他们对上帝,感受不到他们对尘世爱人那般的炽热情感。说我们所有人,自始至终都能保持对上帝的炽热情感,这是苛求,至少我这么认为。我们必须祈祷,愿上帝给我们这份恩赐。不过,我们到底是更爱上帝还是更爱尘世爱人的问题,就我们基督徒的义务而言,可不是去比对两种感情的热度。真正问题是,(就在抉择出现之时)你会事奉或选择哪个?或者说将哪个置于首位?紧要关头,你会听命于哪个?

一如既往,我们的主自己的言辞,相比于神学家的话,既严厉得多,又仁厚得多。祂没说过任何话,叫我们防范尘世之爱(earthly love),以免受伤;祂倒说过一些掷地有声的话,叫我们在尘世之爱牵绊我们追随祂的步伐的那个当儿,将它们全都踩在脚下。"人到我这里来,若不恨自己的父母、妻子……和自己的性命,就不能作我的门徒。"(《路加福音》十四章26节)①

---

① 圣经和合本《路加福音》十四章26节:"人到我这里来,若不爱我胜过爱自己的父母、妻子、儿女、弟兄、姐妹和自己的性命,就不能作我的门徒。"经文后附注:"('爱我胜过爱'原文作'恨')。"为保持文意畅通,拙译此处改用"恨"字。

可是,我们该如何理解经文中的这个"恨"字?上帝是爱。说祂会命令我们去做我们平常用恨字所表示的事情——命令我们心怀怨恨、幸灾乐祸,落井下石——那差不多是自相矛盾。我想,我们的主这里的意思,跟祂说"退我后边去吧"那时"恨"彼得是一样的。① 去恨,就是当所爱之人提出恶魔般的建议时,无论是甜言蜜语还是苦苦哀告,都要拒绝,置之不理,决不让步。耶稣说,一个人试图事奉两个主人,将会"恨"这位"爱"那位。说实话,这里可不只是感情好恶的问题。他将会忠于、赞成、效力于这位,而不是那位。再考虑一下这段经文:"我却爱雅各,恶以扫。"(《玛拉基书》一章 2—3 节)②所谓上帝"恨"以扫,在后来故事中如何展开的呢?大出我们意料之外。当然没有任何根据假定,以扫没好下场,成了个迷失的灵魂;这事,旧约在这里没

---

① 《马太福音》十六章 21—23 节:从此,耶稣才指示门徒,他必须上耶路撒冷去,受长老、祭司长、文士许多的苦,并且被杀,第三日复活。彼得就拉着他,劝他说:"主啊,万不可如此!这事必不临到你身上。"耶稣转过来,对彼得说:"撒旦,退我后边去吧! 你是绊我脚的,因为你不体贴神的意思,只体贴人的意思。"

② 《玛拉基书》一章 2—3 节:耶和华说:"我曾爱你们。"你们却说:"你在何事上爱我们呢?"耶和华说:"以扫不是雅各的哥哥吗? 我却爱雅各,恶以扫,使他的山岭荒凉,把他的地业交给旷野的野狗。"

说，别的地方也没说。而且，据我们所知，以扫的尘世生活，就普通生活的方方面面而言，都远比雅各有福。经历失望、屈辱、恐惧和丧亲之痛的，是雅各。不过有些东西，他有，以扫没有。他是个族长（patriarch）。他传承了希伯来传统，肩负使命和祝福，成为主基督的先祖。"爱"雅各仿佛意味着，为了一个更崇高的（又痛苦的）使命而接纳雅各；"恨"以扫，则是拒绝以扫。他被"拒"，"不够格"，就此目的而言一无是处。因而，在最后关头，当我们的至亲至爱横亘在我们与顺从上帝之间时，就必须拒绝他们或不再视他们为至亲至爱。天知道，这样做在他们看来就是十足的恨。我们切莫因为感到他们可怜而行事；我们必须对其眼泪视而不见，对其哀求充耳不闻。

我不会说，履行这一义务着实艰难。有些人发觉易如反掌，有些人发觉难于上青天。对所有人来说，难就难在，知道这样的"恨"的时机何时出现。我们的气质，会蒙蔽我们。温顺之人——惧内的丈夫、柔顺的妻子、宠子的父母、孝顺的儿女——在"恨"的时刻到来之际，也不大会信；而自以为是之人，总那么强势，动辄就相信这一时刻来了。所以，让我们的爱有个秩序（to order our loves），以防止出现这么一刻,就极为重要了。

在一个低得多的层面,我们可以看到,如何做到这一点。有位骑士诗人,要奔赴疆场,给心上人说:

> 亲爱的,倘若我对荣誉不更为钟情,
> 我不会爱你如此之深。①

对一些女人,这个请求就是无稽之谈。"荣誉",只不过是男人们津津乐道的蠢事之一;诗人打算触犯"爱的律则","荣誉"只不过是个托词,因而罪加一等。洛夫莱斯能带着自信用"荣誉"一词,是因为他的未婚妻是骑士的未婚妻,跟他一样,她认可荣誉之呼召。他用不着去"恨"她,无需对她背过脸去,因为他们承认同样的律法。在这个问题上,他们

---

① 原文为:"*I could not love thee, dear, so much/Loved I not honour more.*"语出理查德·洛夫莱斯(Richard Lovelace,1618—1657)的短诗《出征前致恋人卢卡斯塔》(To Lucasta, Going to the Warres),秦希廉中译全诗如下:"亲爱的,别说我狠心不义,/从你那纯洁的胸膛与宁静的心境/所在的庵堂里,/向武器和战场飞奔。//是真的,现在有个新的情妇是我追求的目标,/那就是战场上的第一个敌人;/而且我将更为忠诚的拥抱/刀剑、战马和甲盾。//然而我这种变心/连你也会崇敬;/亲爱的,倘若我对荣誉不更为钟情,/我不会爱你如此之深。"

早已彼此默契，相互理解。让她也信荣誉，这工作不是在抉择关头才着手去做的。当一个比荣誉伟大得多的呼召，处于危急关头时，这一事先的默契就更加必要了。直到危机来临，才告诉妻子、丈夫、母亲或朋友，你的爱一直有个秘密的保留条件——"上帝治下"或"只要一个更高的爱允许"——那就为时已晚了。他们理应早先得到敬告；当然不是开门见山，而是上千次谈话的言外之意，是上百次小决定显露出来的原则。说实话，这等大事上的真正分歧，就应当让双方尽早感觉到，从而也就从根本上阻止了一桩婚姻或一段友爱之存在。最好的婚姻或最好的友爱，都不是瞎子。奥利弗·埃尔顿谈起卡莱尔和穆勒时说，他们对何为正义有分歧，这个分歧对"任何名副其实的友爱"，自然是致命一击。① 如果被爱一方的态度中隐含着"一切为了爱"——当

---

① 奥利弗·埃尔顿（Oliver Elton, 1885—1970），英国文学史家，执教于利物浦大学，六卷本《英国文学简史：1730—1880》（*A Survey of English Literature* [1730—1880]）之作者。

卡莱尔（Thomas Carlyle, 1795—1881），英国小说家，以《论英雄和英雄崇拜》（1841）闻名于世。

穆勒（J. S. Mill，亦译"密尔"），英国哲学家，政治经济学家。在逻辑学领域，以"穆勒五法"闻名于世；在政治领域，以赛亚·伯林曾将穆勒与贡斯当并列，誉为"自由主义之父"；在伦理学领域，则以功利主义闻名。

真的"一切",那么,他或她的爱,就不值得拥有。因为这种爱跟神爱(Love Himself),关系没有摆正。

【§20—22. 属天之爱与属人之爱】

这就将我带到了,本书必须尝试攀爬的最后一道陡坡底下。我们必须试着,为名曰"爱"的人类活动与即上帝之所是的那个爱(that Love which is God)二者的关系,给一个比前文更确切的说法。当然,我所谓的这个确切,只是个模板(a model)或象征(a symbol),终究会令我们失望。甚至当我们用它之时,也必须拿别的模板加以修正。我们中间至为谦卑之人,处于恩典之中时,会对神爱(Love Himself)有些许"体知"(knowledge-by-acquaintance [*connaître*]),某些"体味"(tasting);但一个人,即便在至圣至聪之时,也不可能对终极实在(the ultimate Being)有直接之"认知"(knowledge about [*savoir*])——只有类比之知识。① 我们看不见光,尽管藉助光我们能看见事物。关于

---

① 法语词 *connaître* 和 *savoir* 是知识论里的一对著名概念。前者略相当于英语里的 knowledge-by-acquaintance,后者相当于英语里的 knowledge about。关于这两种知识,且容我拿自己打个浅显比方。对于我是个什么样的人,靠百度搜索,靠打听,你会得关于我的一些信息或参数,如身高、职业、血型等等之类。这种知识就是 knowledge about me。(转下页注)

上帝的陈述都是推断,推断自我们对别的事物的知识,正是

(接上页注)你掌握的这些知识,可能比我的亲人都多。比方说吧,假如你是医生或特务,你知道的肯定比我的亲人都多,甚至足以建立一个数据库。虽如此,你我还是陌生人;或者即便是熟人,在这号场合,你我也必须是陌生人。至于亲人对我知识,虽没有你对我的知识那么确切那么多,不足以还原为数据,更不用说建立数据库了。但就我这个"人"而论,亲人对我的知识,却更切要。这后一种知识,就是 knowledge-by-acquaitance。知识论里的这两种知识之分,恕译者无知,在现代汉语里暂未找到现成词汇,权且将"体认"一词拆开来,权且用"体知"和"认知"这两个蹩脚表述。"体知"的体,即体味的体,体贴的体;"认知"的认,即认识的"认",辨认的"认"。

一对普通法语词汇,竟能成为知识论的关键概念,肯定大有来头。据思想史家追溯,这一区分至少可以上溯至帕斯卡尔(Blaise Pascal)关于人的心灵的两种类型的著名区分:*espirit de geometrie* 和 *esprit de finesse*。前者指几何学的逻辑推论方式,后者则指心灵的直觉或敏感。中译为"几何心灵/敏感心灵"、"几何学精神/敏感性精神",英译者一般译为"the mathematical mind"/"the intuitive mind"。帕斯卡尔之所以区分两种心灵,乃是为了对抗唯科学主义——在唯科学主义的视野中,只承认"认知"为知识,而"体知"被当作非科学或前科学加以排除。关于这一点,美国文化史家雅克·巴尔赞(Jacques Barzun,亦译"巴赞"或"巴尊")说得很明白:"正因为直觉无法分析,逐开始有一种看法出现,相信唯有以科学、数学形式呈现的真理才是真理。一向以来,大多数科学家、数学家都如此认为,也如此说服众人:只有他们的实验所得、演绎结果可信,其他任何道理都只是一种看法、谬误,甚或胡思乱想。然而历世历代却还是有思想家(包括某些著名的科学家在内)对此不以为然。他们主张几何式思考与笛氏分析法并非万用,另一种不同类级的真理,还是可以藉弹性直觉获致,即使缺乏一定的共识。甚至连语言本身,都分辨其中的区别:因此有内觉的'心知'(know),以及外习的'认知'(know about)之分,正表达其间的异同。某些语言干脆用两个不同的字来表明这项类比:如德文的 *wissen* 与 *kennen*,法文的 *savoir* 与 *connaître*。作为科学家,我们的'认知'已经大增;可是身为人,却能直觉地'心知'并感到爱情、野心、诗与音乐。心脑并用,比单独理性所及更为深邃。"(见氏著《从黎明到衰颓:五百年来的西方文化生活》上卷,郑明萱译,台北:猫头鹰出版社,2004,第 393 页)

神的光照(the divine illumination)使我们有能力掌握这些知识。我之所以详陈这些否定(deprecation),是因为下文要做的一些澄清(不会太冗长),或许会暗示出一种自信。可我从来没有感到过这种自信啊。要是我感到过,那我准是疯了。就把下文当作一个人的冥想吧,当作他的神话也可以。要是其中有什么东西对你有用,拿去用就是了;要是一无可用,就不用搭理。

神就是爱。还有,"不是我们爱神,而是神爱我们,这就是爱了。"(《约翰一书》四章10节)。我们的入手处,不应是神秘主义,不应是受造对上帝的爱,也不应是某些人蒙恩在尘世生活中对神的果实的美妙预尝。我们当从真正的始点开始,从作为神的大能的爱入手(with love as the Divine energy)。这一元初的爱(this Primal love)是赠予之爱。上帝没有需加填饱的饥饿,只有尚待赠予的丰饶。上帝并不必然去创造,这一教义可不是一个干枯的学院派思辨。那才是本质所系。离开这一教义,我们就难免将上帝理解为一个"管理的"上帝,我只能这样叫了;难免认为,上帝的功能或本性就是"经营"这个宇宙,祂之于宇宙,就像校长之于学校,店主之于旅店。可是对于上帝,作宇宙之君王,无足挂齿。徜徉于"三位一体之领地"的上帝,是个大得多的领域的君主。诺维奇的茱利安所见异象,必须时刻保持在我们眼前,她见上帝手中拿着个榛子一样的东西,那坚果就是"一切受造"。① 上帝,一无所需;祂的爱,使全然可有可无的受造存在于世。祂这样做,只是为了爱它们,成全它们。祂创造宇宙,已经预见——我们或应该说"看见"吧,因为上帝那里没有时态变化——十字架周围嗡嗡营营的苍蝇,皮开肉绽的脊背抵在疙疙瘩瘩的木桩上,钉子穿过中枢神经,躯体松垂时那一阵阵的窒息,为吸口气脊背和手臂一阵又一阵的抽搐。我斗胆用个"生物学"意象,上帝就是有意创造了自己身上寄生虫的一个"寄主";祂这样做,是为了让我们这些寄生虫可以剥削并"利用"祂。这就是爱。这就是神爱之图解(the diagram of Love Himself),就是一切爱的创造者。

---

① 诺维奇的茱利安(Lady Julian of Norwich,1342—约1416),生平资料不多,只知她是英国14世纪的一名神秘灵修者,也是一名隐士。她严守独居,过着苦修的奉献生活,从不走出隐居的小舍,其居所与圣堂相连,有三个窗口,用途分别为领圣事、取食物,以及给来客作灵修辅导。其唯一著作《神圣之爱默示录》(Revelation of Divine Love,或译《神爱之启示》),记录了她1373年5月卧病在床时的一系列神视。路易斯所引,出自该书第5章。

上帝，作为我们天性的创造主，在我们身上既根植了赠予之爱，又根植了需求之爱。赠予之爱，是我们天生就有的祂自己的形象（the natural image of Himself）；对祂的肖似之接近，未必就是趋向之接近，而且对所有人而言并不都是趋向之接近。全心付出的母亲，仁慈的统治者或教师，或许付出了再付出，一再展现了这一肖似，却从未向上帝迈出一步。至于需求之爱，据我所见，跟上帝之所是的爱，毫无相似之处。二者相互联系，相互对立；当然不是善与恶那种对立，而是奶冻之形式与模子之形式的那种对立。

【§23—24. 属天的赠予之爱】

不过，除了这两种天性之爱，上帝还能赐予一份远更美好的礼物；或者说，鉴于我们的心灵必定会分门别类，就说是两样礼物吧。

祂将自己的赠予之爱中的一份，因感染而给人（communicates to men）。这与祂植入我们天性中的赠予之爱不同。人天性中的这些赠予之爱，为所爱对象谋好处，绝不会只是以对象自身为依归（for the object's own sake）。这些赠予之爱，会偏向于它们自己所能给予的那些好处，或者它们自己会最喜欢的那些好处,或者它们先为所爱对象勾画个一厢情愿的生活图景,偏向于谋求切合此图景的那些好处。而属天的赠予之爱(Divine Gift-Love)——在一个人身上作工的神爱(Love Himself working in a man)——却一无所求(disinterested),只渴求所爱对象之止于至善。再者,天性中的赠予之爱,总是指向爱者发觉有些内在可爱之处的那些对象——亲爱、友爱或某个共同看法吸引他去爱这些对象;即便无此吸引力,也是那些理应感激或值得一爱的对象,或许还会是因其无助摧人心肝而赢得同情的那些对象。可是人身上的属天的赠予之爱,使得他能够爱那些天生不可爱之人;麻风病人,罪犯,敌人,白痴,还有坏脾气、趾高气扬或冷嘲热讽的人。① 最后,这可是个巨大悖论,上帝竟使人能拥有一种对祂的赠予之爱(a Gift-love towards Himself)。说人能给予上帝的没一件不是上帝的,当然有

---

① 特蕾莎修女《爱的纯全》:"我们中没有任何一个人有权谴责他人。即使我们看见有些人在作恶,但我们不明白他们为何那么做。耶稣劝导我们不要论断别人。或许就是我们主助长他们成为这样的人。我们需要明白,他们就是我们的兄弟姊妹:患麻风病的、酗酒的、生病的都是我们的手足,因为他们也是被创造为得到更大的爱。"(上智文化事业编译,北方文艺出版社,2009,第113页)

道理了。假如那已经就是祂的，你拿什么给？不过，既然明显不过的是，我们可以将我们自身、我们的意志和我们的心扣住不交还上帝，那么在此意义上，我们也就能给祂了。虽然那东西本来属于祂，要是不属于祂就片刻不能存在（恰如歌声本属于歌者），但祂还是这样创造我们，使得我们能够自由地奉还。"我们的意志属于自己，却加诸于你们。"① 恰如所有基督徒都知道的，还有另外一个献给上帝的方式；我们给饭吃给衣穿的每个陌生人，都是基督。② 这显然就是

---

① 原文是"our wills are ours to make them Thine!"语出丁尼生的《悼念集》(In Memoriam)序诗第 4 节。关于这句诗文的意思，美国神学家陶恕(Dr. A. W. Tozer，1897—1963)在《没有行为的"信心"：我称之为异端》第一章有精妙阐发：

实际上，我们只有为善的权利，我们绝对无权为恶，因为主是良善的。我只有成圣的权利，而绝对没有变恶的权利。如果你变得邪恶，那是你在篡夺他人的权利。亚当和夏娃没有吃善恶树禁果的权利，但是他们篡夺他人权利，偷食了禁果。

诗人丁尼生对此亦有深思远虑。他在《悼念集》一诗中如是说："我们的意志属于自己，却不知道如何；我们的意志属于自己，却加诸于你们。"(Our wills are ours, we know not how; our wills are ours to make them Thine!)

人类的自由意志是如此的神秘，如此巨大！丁尼生说到："我们不知道如何。"但是，他接着又说："我们的意志属于自己，却加诸于你们。"这是我们唯一的权利，将我们自己的意志上升为神的旨意，将神的旨意变成自己的意志！（文见 http://www.wellsofgrace.com/messages/tozer/cult.htm）

② 特蕾莎修女《爱的纯全》："耶稣口渴，需要解渴。耶稣赤身露体，需要衣物蔽体。耶稣无家可归，需要被收留。耶稣患病，需要被治愈。耶稣孤苦无依，需要被疼爱。耶稣被遗弃，他等着被需要。耶稣是（转下页注）

献给上帝的赠予之爱(Gift-love to God),不管我们是否知道。神爱(Love Himself)可以在不认识祂的人里面作工。《马太福音》分羊的比喻里的那些"绵羊",对他们看顾的那个囚徒里面的上帝一无所知,也对看顾时自己里面隐藏的上帝一无所知。①(我将整个比喻视为对异教徒的审判。

(接上页注)麻风病人,要清洗他的伤口。耶稣是乞丐,给他一个微笑。耶稣是醉汉,去聆听他。"(上智文化事业编译,北方文艺出版社,2009,第9页)特蕾莎修女《爱的简约》:"我在我所接触的人身上看到了基督,因为他说过:'当我饥饿时、口渴时、赤身露体时、生病时、痛苦时、无家可归时,你照顾了我。'"(上智文化事业编译,北方文艺出版社,2009,第45页)特蕾莎修女《爱的简约》:"天主乔装成饥肠辘辘的人、赤身露体的人、无家可归的人、孤苦伶仃的人,然后他说:'无论你为我最小的兄弟做什么,都是为我做。'"(同前,第47页)

① 《马太福音》廿五章31—46节:当人子在他的荣耀里,同着众天使降临的时候,要坐在他荣耀的宝座上,万民都要聚集在他面前。他要把他们分别出来,好像牧羊的分别绵羊、山羊一般——把绵羊安置在右边,山羊在左边。于是,王要向那右边的说:"你们这蒙我父赐福的,可来承受那创世以来为你们所预备的国。因为我饿了,你们给我吃;渴了,你们给我喝;我作客旅,你们留我住;我赤身露体,你们给我穿;我病了,你们看顾我;我在监里,你们来看我。"义人就回答说:"主啊,我们什么时候见你饿了,给你吃,渴了,给你喝?什么时候见你作客旅,留你住,或是赤身露体,给你穿?又什么时候见你病了,或是在监里,来看你呢?"王要回答说:"我实在告诉你们:这些事你们既作在我这弟兄中一个最小的身上,就是作在我身上了。"王又要向那左边的说:"你们这被诅咒的人,离开我,进入那为魔鬼和他的使者所预备的永火里去!因为我饿了,你们不给我吃;渴了,你们不给我喝;我作客旅,你们不留我住;我赤身露体,你们不给我穿;我病了,我在监里,你们不来看顾我。"他们也要回答说:"主啊,我们什么时候见你饿了,或渴了,或作客旅,或赤身露体,或病了,或在监里,(转下页注)

因为它一开始就用希腊语说,主将要传唤"万民"到祂面前——这万民大概就是外邦人。)①

【§25—28. 对上帝的超天性的需求之爱】

每个人都会同意,这样一种来自恩典的赠予之爱应叫做仁爱(Charity)。不过,我不得不再作的一点补充,或许就不会这么容易得到认可了。窃以为,上帝还赐予了另外两份礼物:对祂自己的超天性的需求之爱(a super-natural Need-love of Himself),以及人们彼此之间超天性的需求之爱(a supernatural Need-love of one another)。前者可不是指对上帝的欣赏之爱,不是对祂的敬慕。对这个更高议题——至高议题——我不得不说的那一点点,会在后文提及。我用前者指的是,那种从不梦想着一无所求(disinterestedness)的爱,一种无尽的穷乏。恰如河流冲出自己的河

(接上页注)不伺候你呢?"王要回答说:"我实在告诉你们:这些事你们既不作在我这弟兄中一个最小的身上,就是不作在我身上了。"这些人要往永刑里去,那些义人们要往永生里去。

① 路易斯《诗篇撷思》第2章,对山羊和绵羊的比喻做了如下疏解:"有谁听了这寓言,能够无动于衷? 除非他的良知已经泯灭了。在这寓言中,'公羊'受咒诅,不为别的,只因他们'疏忽'的罪,为要叫我们明白,将来每个人所要面对的,不在于我们曾经做过的事,而在于我们疏忽未做的事,甚至连作梦都没想过该做的事。"(曾珍珍译,台北:雅歌出版社,1995,第13页)

床,恰如魔法酒倒出来的同时就造出了盛酒的玻璃杯,上帝将我们对祂的需求转化成了对祂的需求之爱(Need-love of Him)。更奇怪的是,对来自人类同胞的仁爱(Charity from our fellow-men),祂也在我们里面创造出了一种超乎自然天性的领受能力(a more than natural receptivity)。需求是如此地近乎贪婪,我们也是如此之贪婪,以至于这仿佛就是一种奇怪的恩典。不过,我还是不能从脑海里排除这一想法:这就是实情。

且让我们先看神恩所赐的这种对祂自己的超天性的需求之爱(supernatural Need-love of Himself)。神恩(Grace),当然并未创造这一需求。需求已经在那儿。仅凭我们是受造这个事实,需求就是(数学家所说的)"已知";而我们是堕落了的受造,需求则放大了无数倍。神恩所赐予的是,对这一需求的满心承认、清醒意识和全面接受——即便有所保留,也是乐于接受。因为,离开神恩,我们的愿望(wishes)就跟必然性(necessities)相冲突。

在外人听来,基督教的操练塞到信徒之口的说自己不配的那些话,就像僭主面前溜须拍马者的下流而又做作的奴颜婢膝,或者充其量只是个套话,就像中国君子自称"鄙人"一样。可事实上,它们表达的是不间断的从新努力,努力否弃我们对自己及自己与上帝之关系的误解。之所以不间断,是因为这努力一直必需,是因为这些误解,即便我们做祈祷时,天性(nature)也会向我们灌输。一相信上帝爱我们,马上就有个冲动,相信祂之所以这样做,不是因为祂就是爱,而是因为我们内在地可爱。异教徒们毫不掩饰地服从这一冲动;善人"受众神青睐",是因为他良善。我们既然受过更好的教导,就会玩点花招。我们远不会以为,我们因具有一些美德,上帝就爱我们。不过如此说来,我们悔罪悔得多么了不起。恰如班扬描述他那虚幻的首次归信时所说:"我就自认为在英格兰没有一个人比我更蒙上帝喜悦的了。"①这招不管用,我们接着会奉上自己的谦卑,以求上帝赏识。这,上帝想必会喜欢吧? 即便还不喜欢,那么清醒而又谦

---

① 原文是:I thought there was no man in England that pleased God better than I. 语出班扬《罪魁蒙恩记》第 35 段,整段全文如下:"另一件是关于我跳舞的事情。我花了整整一年才完全戒除舞瘾。在这段时间内,当我认为自己遵守了这条或那条诫命,或自认为在言语和行动上表现良好的时候,我的良心就十分平安,就会自顾自地想,上帝现在已经别无选择,必须悦纳我了。是的,跟自己的表现一挂钩,我就自认为在英格兰没有一个人比我更蒙上帝喜悦了。"(见班扬《丰盛的恩典》,苏欲晓译,三联书店,2014,第 10 页)

卑地承认我们依然缺少谦卑,总该喜欢了吧。就这样,层层保护,曲里拐弯,总残留着个经久不消的想法——我们自己,就是这个自己,总有引人之处。① 我们只是镜子,假如我们明亮,明亮也全是来自照耀着我们的太阳——承认这点容易,但长久意识到它则几乎不可能。我们想必有那么一点点——不管多么小的一点点——与生俱来的光辉吧?我们想必不完全是受造吧?

从不满心承认自己之穷乏(neediness)的需求以及需求之爱,荒谬,又胡搅蛮缠。对此,神恩使得我们如孩童那般,满心地欣然接受我们的需求(Need),为完全依靠上帝而心喜。我们成了"欢乐叫花子"(jolly beggars)。② 善人会为增多了他之需求的那些罪而愧疚,但他不会为这些罪所制造的新需求而满心愧疚。至于自己身为受造就固有的那些无

---

① 路易斯《魔鬼家书》第14章,大鬼教导小鬼说:"一旦一个人意识到自己具备何种品德,对我们而言,那种品德就没那么可怕了,一切品德概莫能外,不过,这招对谦卑特别管用。在他真正虚心起来的那一刻,要把他一把抓住,并在他脑子里偷偷塞入'哎呀!我变得谦卑起来了'这样欣慰的念头,而骄傲——对于自己谦卑的骄傲——几乎立刻就会出现。如果对此危险他有所警觉,企图压抑这种新型的骄傲,那就让他对自己这种压抑骄傲之感的企图感到骄傲好了,如此这般,你尽可以一直与他缠斗下去。"(况志琼、李安琴译,华东师范大学出版社,2010,第52页)

② 有凯尔特传统民谣,名曰《欢乐叫花子》(Jolly Beggars)。

辜需求,他则一点不会为之愧疚。使得我们始终不得幸福的,正是这自以为可爱的幻觉,自然天性当作传家宝紧抓不放;还有这一托词,说我们总有些自己的东西,或者说我们靠自己努力,总能将上帝注入我们身上的一些善德维持个把小时吧。① 我们就像有人海边洗浴,只想双脚——或单脚——或一根脚趾头——站在海底,殊不知,只有纵身海水,才能享受海浪冲刷之乐。② 放弃我们对内在自由、力量和价值的所有权宣称,其结果则是,真正的自由、力量和价值。③ 这些东西真正属于我们,恰是因为它们是上帝所赐,因为我们知道它们(在另一意义上)不是"我们的"。阿诺道

---

① 路易斯《返璞归真》最后一章:不想要基督,只想"成为我自己"是没有用处的。我越抵制他,越想靠自己而活,就越受自己的遗传、养育、环境和自然欲望的约束。实际上,我如此骄傲地称为"我自己"的那个东西,只是众多事件的交汇处,这些事件既非由我引发,也非我能阻止;而我所谓的"自己的愿望"不过是一些欲望,这些欲望或由我自己的生理机制产生,或由他人的思想注入,甚至是魔鬼的暗中指使。(汪咏梅译,华东师范大学出版社,2007,第216页)

② 路易斯在《说漏了嘴》(A Slip of the Tongue)一文中说:"这便是我反复不断碰见的试探(temptation):下海(我想起圣十架的约翰曾称上帝为海),却既不潜水、游泳,也不浮水,只是涉水戏水,小心翼翼地躲开深水,紧紧抓住救生索,那根把我与今世事务连在一起的救生索。"(见拙译路易斯《荣耀之重》,华东师范大学出版社,2015,第221页)

③ 路易斯在《和而不同》(Membership)一文中说:"顺服乃自由之路,谦卑乃喜乐之路,合一乃个性之路。"(见拙译路易斯《荣耀之重》,华东师范大学出版社,2015,第195页)

斯已经摆脱了他的影子。①

【§29—30. 人彼此间的超自然的需求之爱】

不过,上帝也转化了我们彼此间的需求之爱,这种需求之爱也需同样的转化。事实上,我们所有人时不时——有些人则更是经常——需要来自他人的仁爱。这一仁爱(Charity),作为他人里面的神爱(Love Himself),爱那些不可爱的人。②但是,这种爱,尽管我们都需要(need),但却不是我们所想

---

① 阿诺道斯(Anodos),乔治·麦克唐纳的小说《幻境》(*Phantastes*,1858)中21岁的主人公。小说叙述了阿诺道斯进入梦境,踏上各式各样的旅途。影子始终跟着他,无分昼夜。他一觉醒来,21天已经过去,他成熟了许多。其中的"影子",指的是他的自我中心主义。

② 路易斯《返璞归真》卷三第7章,解释"爱人如己"的诫命:
我究竟是怎么爱自己的?
想到这点,我发现自己从未真正喜欢过自己、爱过自己,有时候甚至厌恶自己。所以,"爱邻人"的意思显然不是"喜欢他"、"发现他有魅力"。我以前就应该明白这点,因为你显然不可能通过努力喜欢上一个人。我自我感觉不错,认为自己是好人吗?有时候我可能这样认为(毫无疑问,那是我最坏的时候),但那不是我爱自己的原因。事实正相反:爱自己让我认为自己很好,但是,认为自己很好并非我爱自己的原因。因此,爱仇敌的意思显然也不是认为他们很好。这让我们卸下了一副重担,因为很多人以为,宽恕仇敌的意思就是在仇敌显然很坏时假装他们实际上没那么坏。再进一步想想。在我头脑最清醒的时候,我不但不认为自己是好人,还知道自己是个非常卑鄙的人,对自己做过的一些事感到恐惧和厌恶。所以,显然我有权厌恶、憎恨仇敌做的一些事。想到这点,我记起很久以前我的基督徒老师们的话:我应该恨坏人的行为,而不应该恨坏人本身。或者像他们常说的,恨罪,不恨罪人。(汪咏梅译,华东师范大学出版社,2007,第120—121页)

要(want)的那种爱。我们想要的,是他人因我们之聪慧、美丽、大度、公正或有益而爱我们。首次听说有人竟然将至高的爱奉献给我们,那会吓我们一跳。大家都承认,心怀恶意的人之所以假装以仁爱爱我们,恰是因为他们知道,这会损着我们。有人期望亲爱、友爱或情爱能和好如初,你却对他说"身为基督徒,我宽恕你",那只是想继续吵下去。那些这样说的人,当然是撒谎。可是除非一件事若为真就会损着你,否则,人不会为了损你,谎称有此事。

有个极端情形倒可以见出,要是他人爱我们并不取决于我们自身的魅力,接受这种爱或继续接受这种爱会有多难。假设你是个男人,燕尔新婚,却染了不治之疾,这病不会要命,还有很多年活头。你什么也干不了,身体虚弱,模样吓人,令人厌恶,还得靠妻子的收入过活。你本想致富,却种下穷根。你甚至心智都不再健全,管不住自己的坏脾气,时常还喜欢发号施令。又假设你妻子的关心和怜悯心,永不枯竭。哪个男人,能对此安之若素,能一切照单全收,什么都不付出又不带任何怨气,还从来不做只为得到宠爱和抚慰的那些讨厌的自嘲?要是他能这样,那他就是在做些需求之爱在其自然状态下做不到的事情。(无疑,这样的一个妻子所能做到的,天生的赠予之爱〔a natural Gift-love〕也鞭长莫及。不过,这不是目前的重点)在此情况下,接受比给予更难,或许还更有福(blessed)。不过,这个极端事例所说明的,却是普遍现象(universal)。我们所有人,都在接受仁爱。在我们每个人身上,总有某些东西,不是自然而然招人爱。要是没人爱它,你怪不上任何人。只有那可爱的,才自然而然招人爱。叫人爱我们身上的这些东西,你还不如干脆就叫人喜欢上发霉面包的味道或钻孔机械的声音呢!尽管我们是这样,有人还是带着仁爱,宽恕我们,怜悯我们,爱我们;抛却仁爱,别无他途。一切有着好双亲、好妻子、好丈夫或好儿女的人,或许肯定知道,某些时候——就特定性格或习惯而言或许还是始终——他们都受到仁爱,他们得人爱,不是因为他们可爱,而是因为神爱(Love Himself)就在那些爱他们的人里面。

【§31—35. 爱,道成肉身】

这样,获准进入人心的上帝,不只转化了赠予之爱,还转化了需求之爱;不只转化了我们对祂的需求之爱,还转化了我们彼此间的需求之爱。当然,所能发生的转化,还不止此。祂或许会找上一个在我们眼中更为可怕的任务,或许会要求我们全部抛弃某个天性之爱。一桩更高更恐怖的使命,就像亚伯拉罕的使命一样,①或许会迫使一个人对其族人和父家背过身去。情爱,指向一个被禁止的对象时,或许不得不牺牲。在这种情况下,弃绝过程虽然难以承受,但却易于理解。我们更容易忽视的是,即便祂允许此天性之爱继续下去,它也亟需一个转化。

在这种情况下,圣爱不是拿自己来替换天性之爱——仿佛我们为给金器腾地方不得不移走银器似的。天性之爱蒙召成为仁爱的道场(modes of Charity),同时仍不失为天性之爱(the natural loves they were)。

人们在这里立即看到,道成肉身这事本身的一个回响、

---

① 卢龙光主编《基督教圣经与神学词典》(宗教文化出版社,2007)"Abraham"(亚伯拉罕)辞条:

圣经人物。希伯来人的先祖……神与他立约,应许他必成为大国,地上的万族都要因他得福(创十二1—3)。神后来重申这应许,给他改名为"亚伯拉罕"(意思是"多国的父亲"),并且以男丁受割礼为立约的记号(创十七)。在亚伯拉罕99岁时,神应许赐给他一个儿子,一年之后以撒出生了。以撒的出生是神应许实现的证明,后来神要求亚伯拉罕献上以撒,这时亚伯拉罕的信心受到重大的考验(创廿二1—4)。最后亚伯拉罕通过信心的考验,神预备了一只公羊替代以撒成为祭牲,并且再次重申他与亚伯拉罕所立的约。……在新约中,亚伯拉罕是犹太人和外邦人因信称义的代表(罗四1—25;加三5—14),也被称为"神的朋友",是信心和行为结合的伟大榜样(雅二23;来十一8—12)。

唱和或派生事件。这并不令我们惊讶，因为二者出自同一作者之手笔。恰如基督集全神与全人于一身，天性之爱也蒙召成为完满的仁爱和完满的天性之爱。恰如神成为人，"非由于变神为血肉，乃由于使其人性进入于神"。① 这里也一样。不是仁爱萎缩成单单的天性之爱，而是天性之爱被提升至被改造为与神爱（Love Himself）相应和的伴奏乐器。

绝大多数基督徒都知道，这是如何发生的。天性之爱的一切活动（罪除外），蒙恩之时（in a favoured hour），都是仁爱在作工。要么是欣欣然的、不用害羞的、心存感激的需求之爱在作工，要么是无私的、并非多事的赠予之爱在

---

① 原文是：Not by conversion of the Godhead into flesh, but by taking of the Manhood into God. 语出《亚他那修信经》第 35 条。信经第 30—37 条述耶稣既为神又为人：

30. 依真正信仰，我等信认神之子我等之主耶稣基督，为神，又为人。

31. 其为神，与圣父同体，受生于诸世界之先；其为人，与其母同体，诞生于此世界。

32. 全神，亦全人，具有理性之灵，血肉之身。

33. 依其为神，与父同等，依其为人，少逊于父。

34. 彼虽为神，亦为人，然非为二，乃为一基督。

35. 彼合为一，非由于变神为血肉，乃由于使其人性进入于神。

36. 合为一：非由二性相混，乃由于位格为一。

37. 如灵与身成为一人，神与人成为一基督。

作工。没有哪样东西,太过琐屑或太过兽性,得不到转化。游戏,玩笑,对酌,闲聊,散步,鱼水之欢——这一切都是个道场,其中我们赦免他人或接受赦免,其中我们抚慰别人或得抚慰,其中我们"并不为己"。① 这样说来,在我们的每一本能、欲望及休闲中,属天之爱都给自己预备了"一个肉身"。

不过,我只是说"蒙恩之时"(in a favoured hour)。这些时刻,转瞬即逝。彻底而又安全地将天性之爱转化为仁爱之道场,这工作很难很难。堕落了的人(fallen man),或许都没见过这种完美转化。虽如此,我还是认为,天性之爱必须经此转化,这个律不容变更。

【§36. 布施,而不着相】

这里的一个难题就是,我们会和往常一样,转错方向。一个基督徒——有点太过声张的基督徒——圈子或家庭,紧抓这一原则,就会作秀,公开在行为上尤其在言辞上,显示他们已经完成此事——一场煞费苦心、巨细无遗、令人尴尬又不堪忍受的作秀。这种人,在公众场合或彼此面对时,

---

① 原文是:"seek not our own."路易斯给此语加引号,疑活用《约翰福音》八章50节的典故:"我不求自己的荣耀,有一位为我求荣耀定是非的。"

都会将芝麻小事弄成不得了的属灵大事(至于躲在门背后,双膝跪下,面对上帝时好像又是另一回事了)。他们恳请赦免,总是毫无必要;赦免别人,总是令人难堪。谁不愿跟普通人住在一起呢?这些普通人,平息自己的(以及我们的)怒火,不声不响,吃顿饭睡一觉或开个玩笑,就和好如初了。我们所作的一切工里面,这件真正的工(the real work),必须最不着相(secret)。① 甚至连我们自己都不察觉:不要叫左手知道右手所作的。② 跟孩子玩牌,要是我们"只是"为了逗他们玩或表明他们已被宽恕,那我们还是着了相。假如这就是我们所能做到的最好的了,那倒无可厚非。可是,假如一个更沉潜、更无意的仁爱将我们置入这样一个心灵框架,其中我们跟孩子们的一个小小的玩笑就是我们在那时最喜欢做的事情,那就更好了。

---

① 佛家有布施而不"着相"之说,称不着相布施方为"福德",着相布施为"功德"。据此,意译 secret 为"着相"。

② 《马太福音》六章1—4节:"你们要小心,不可将善事行在人的面前,故意叫他们看见;若是这样,就不能得你们天父的赏赐了。所以,你施舍的时候,不可在你前面吹号,像那假冒为善的人在会堂里或街道上所行的,故意要得人的荣耀。我实在告诉你们,他们已经得了他们的赏赐。你施舍的时候,不要叫左手知道右手所作的;要叫你施舍的事行在暗中,你父在暗中查看,必然报答你。"

【§37. 富人进天国】

然而,在将天性之爱转化为仁爱这项必需工作之中,对我们很有帮助的倒是,经验当中我们最为不满的那个特征。转天性之爱为仁爱的约请(invitation),从来就不缺。约请的发出者,是一切天性之爱里面我们所遭遇到的那些小摩擦,那些个挫折。那可是板上钉钉的证据,证明(天性之)爱永远"不够"——板上钉钉,除非我们让自我中心(egotism)弄瞎了眼。当我们瞎了眼,我们就会乱用这些摩擦和挫折。"要是我家孩子更出息一些(那孩子可是一天比一天更像他老爹了),我的爱也就没有毛病了。"可是,每个小孩都会时不时惹人生气;而绝大多数孩子,也不是偶尔让人厌烦。"要是丈夫更体贴,不那么懒,不大手大脚……","要是妻子少闹情绪,多点理智,不乱花钱……","要是我爸不那么平庸,不那么抠门……"。可是在每个人身上,当然也在我们自己身上,都有尚需容忍、宽容和赦免之处。践履这些美德的必要性,首先就会促使我们,迫使我们,尝试将我们的爱转变为仁爱——更严格地说,让上帝去转变。这些烦恼磕碰,倒也有益。甚至可以说,烦恼磕碰最少的地方,天性之爱的转变也就最难。当烦恼磕碰层出不穷,超越天性之爱的必要性,也就显而易见了。当天性之爱在尘世境况下再满意不过,也再顺利不过,这时再去超越它——一切仿佛都如愿以偿之时却看到我们必须超越——这或许就需要一种更微妙的转化,以及一种更独到的洞察力了。在此,"富人"进天国,或许也一样地难。①

---

① "富人进天国"的比喻,典出《马太福音》十九章23—24节:耶稣对门徒说:"我实在告诉你们:财主进天国是难的。我又告诉你们:骆驼穿过针的眼,比财主进神的国还容易呢!"

路易斯在多处说,这个"富",可不只是指物质财富,而是喻指一切财富,包括美貌、才智、健康等等。如《痛苦的奥秘》(邓肇明译,香港:基督教文艺出版社,2001)第6章:

每一个人都知道,如果我们一切顺利,就很难会想起上帝。(第90页)

这种不假外求的幻想,很可能是在一些忠厚、仁慈及有节制的人身上最牢不可破,因此不幸也当然会临到他们。

表面的自给自足隐伏的种种危机,说明了为什么上帝对游手好闲、挥霍放荡者的恶,要比导致世上荣华的恶宽松得多。娼妓没有因为目前的生活如此写意,以致落入不能归向上帝的危险;骄傲的、贪得无厌的、自以为义的人却有那样的危险。(第92页)

如《返璞归真》卷四第10章:基督说"你们贫穷的人有福了",还说"财主进天国是难的"。他最初指的无疑是经济上贫穷和富足的人,这些话不是同样适用于另外一种意义上的贫穷和富足吗?拥有大量财富的一个危险是,你可能会对金钱带来的幸福感到十分满足,以致意识不到自己对上帝的需要。如果一切可以通过签署支票获得,你就可能忘记,自己无时不刻在完全依靠上帝。很显然,自然的禀赋也伴随着类似的危险。如果你拥有健全的大脑、智慧、健康、声望、良好的成长环境,你可能会对自己现在的性格感到十分满意,可能会问:"为什么硬要把上帝扯进来?"(汪咏梅译,华东师范大学出版社,2007,第206—207页) (转下页注)

【§38—39. 爱，死而复生】

虽然难，我还是相信，这一转化的必要性，不容变更；至少，倘若我们的天性之爱打算步入天国的话。我们绝大多数人，事实上相信，它们能步入天国。我们可以希望，身体之复活，也意味着我们或可称作"大身体"(greater body)的东西的复活；这个"大身体"，就是我们整个的尘世生命，连带着其一切亲情和一切关系。不过这有个条件；这个条件，可不是上帝随意设定的，而是天堂的特征内在固有的：除非变得属天，否则没有什么可进天国。"血肉之躯"，只是自然(mere nature)，承继不了天国。人能升至天国，只是因为那个为人而死继而升天的基督"活在他里面"。难道我们不该认为，属人之爱不也同样么？只有神爱已经进入其中的那些属人之爱，才能上升至神爱。唯有当它们已经在某种程度上以某种方式跟祂共担死亡，才能跟祂一起攀升；唯有当

(接上页注)又如，《痛苦的奥秘》第6章：我们快乐的时候，上帝低声对我们说话；在我们天良还在的时候，祂向我们倾诉；但当我们在痛苦中，祂就大声呼喊了。祂要用高声喇叭唤醒一个聋了的世界。一个快乐的坏人丝毫不知道他的行为"不当"，也不知道自己所作的并不符合宇宙的规律(the law of the universe)。(邓肇明译，香港：基督教文艺出版社，2001，第87页)

它们之中的自然元素得到转化(submitted to transmutation)——或是年复一年的渐变,或是阵痛式的突变。"此世之情状逝矣。"① 自然(nature)这个名称,就意味着易逝无常(transitory)。天性之爱,只有当它们允许自己被带进仁爱之永恒当中,才有望永恒;至少容许这个过程就在尘世开始,要赶到那无人能作工的黑夜来临之前。② 这个过程,总是牵涉到某种死亡。无一例外。我对妻子或朋友的爱中,唯一的永恒元素就是起转化作用的神爱之临在(the transforming presence of Love Himself)。藉着这一临在,倘若神爱临在的话,别的元素才有望从死里复活,就像我们的肉身有望从死里复活一样。因为这个唯一元素是圣洁的(holy),这个唯一因素就是主(the Lord)。

神学家有时会问,我们在天国是否还"彼此认识",尘世已经确立的特定关系是否继续有些分量。这样回答似在情

---

① 原文是:The fashion of this world passes away. 典出《哥林多前书》七章31节。中文和合本译为:"用世物的,要像不用世物;因为这世界的样子将要过去。"中文思高本译为:"享用这世界的,要像不享用的,因为这世界的局面正在逝去。"文理本译为:"用此世者当如不妄用,盖斯世之情状逝矣。"拙译用文理本之译文。

② 典出《约翰福音》九章4节:"趁着白日,我们必须作那差我来者的工;黑夜将到,就没有人能作工了。"

理之中:"那或许取决于它在尘世已经成为或正在成为何种爱。"因为说实话,你在这个世界爱过的一个人,你的爱无论多强烈,若都只是天性之爱,那么,在永恒世界再碰见他,(就此而论)甚至都没意思了。这就像你成年以后,遇到了预科学校时的某个曾经像是好朋友的人,那时你们成为朋友只是因为共同的兴趣和消遣。要是除此之外没有别的,要是他跟你并不志同道合,那么,他现在就是个彻头彻尾的陌生人。你们俩现在谁都不玩康克戏①了。你再也用不着拿你的数学作业换取他的帮助,他也用不着用自己的法语换取你的帮助。我怀疑在天国,从未体现过神爱的一种爱,也会同样地漠不相干。因为自然已经逝去。一切非永恒者都永恒地过时了。②

【§40—44. 信德与天国的本末之辨】

不过,我不能以此语调结束本书。有一种流布甚广的幻觉,以为基督徒生活之目标就是与所爱之死者团圆。我

---

① 康克戏(Conker),一种儿童游戏,双方各用绳子系住一个七叶树果,轮流互击,以击破对方的七叶树果为止。
② 这是路易斯的经典名言:"All that is not eternal is eternally out of date."

不敢让一些有过丧亲之痛的孤苦伶仃的读者，对此坚信不疑——即便我自己的期盼与恐惧也会促我坚信。① 虽然否定此幻觉，在那些心碎之人听起来，或许残酷或许难以置信，可还是必须否定。

"你造我们是为了你，"圣奥古斯丁说，"我们的心若不安息在你怀中，便不会安宁。"②这话，在圣坛前，或许还有在阳春时节的小树林里半祈祷半沉思时，人还容易相信那么一会会。在临终者床前，听起来则像是嘲弄。然而，假如我们舍弃这条路，将慰藉寄托于——甚至还求助于降神会或招魂术——终有一日再度拥有你的尘世所爱，永不分离，除此之外别无他求，假如这样，那才是绝大嘲讽。很难让人不去想象，尘世幸福的这样一种无限延长会让人心满意足。

---

① 路易斯写作此书时，妻子乔伊正处于癌症晚期。

② 原文是"Thou hast made us for Thyself and our heart has no rest till it comes to Thee."语出奥古斯丁《忏悔录》卷一第1章。更长一点的引文是：

一个人，受造物中渺小的一分子，愿意赞颂你；这人遍体带着死亡，遍体带着罪恶的证据，遍体证明"你拒绝骄傲的人"。

但这人，受造物中渺小的一分子，愿意赞颂你。

你鼓动他乐于赞颂你，因为你造我们是为了你，我们的心若不安息在你怀中，便不会安宁。（周士良译，商务印书馆，1963，第3页）

可是，要是我的亲身经历尚可信赖，我们会立刻得到一个严厉警告，说这里还是出了点错。就在我们试图将对彼岸世界的信仰用于这一目标的那个当儿，这信仰变得微弱。平生以来，我信仰确实坚定的那些时刻，都是上帝本人是我思考核心的那些时候。信着祂，作为题中应有之义，我才接着信天国。颠倒过来的次第——先信跟所爱之人团聚，接着为了这一团聚而信天国，最后为了天国而信上帝——这行不通。① 当然，谁都可以胡思乱想。可是一个自省的人，会很快越来越清楚，那只是自己的想象；他知道，自己只是在编织幻想。而更质朴的灵魂们则会发现，他们以之为食的那些幻影，全无慰藉和营养可言，只是藉助自我催眠的可怜努力而激发出来的某种拟真实（semblance of reality），或

---

① 路易斯在《无教条的宗教？》(Religion without Dogma? 1946)一文中指出，真正的宗教并不始于信永生："任何宗教，作为宗教，若始于对永生之渴求，从一开始就可恶(damned)。除非到达某一属灵层次，否则，永生允诺就像贿赂讨好，败坏了整个宗教，并对宗教必须根除务尽的'我执'(self-regards)煽风点火。因为宗教之本质，在我看来，是渴求比自然目的(natural ends)更高的目的；有限自我(the finite self)所渴望、默认并自我弃绝以便寻找的那个对象，它是至善的，对有限自我也是至善的。这种自我弃绝(self-rejection)最终也是一种自我寻见(self-finding)，粮食撒向水面，日久之后却必能得着，死就是生——这些神圣悖论，不可过早告诉人类。"文见路易斯神学暨伦理学论文集 God in the Dock 第一编第 16 章，拙译该书华东师范大学出版社即出。

许还藉助不光彩的图片和赞歌,甚至(等而下之)藉助巫术。

因而,我们凭经验就发觉,用天国以求尘世慰藉,徒劳无益。天国能给天国之慰藉,别无其他。而尘世则连尘世之慰藉都给不了。说到头,并无尘世之慰藉。

梦想着在清一色的属人之爱(human love)的天国,找到我们为何受造之目的,这梦不可能成真,除非我们的信仰全部错了。我们原为上帝而受造。任何尘世爱人,只有凭藉在某些方面与祂肖似,只有藉成为祂的美、慈爱(lovingkindness)、智慧或善的显现,才唤起了我们的爱。不是说我们爱他们太多,而是说我们太不理解我们正在爱的是什么;也不是让我们转离他们,这些非常熟悉的人(dearly familiar),转向一个陌生人。① 当我们瞧见上帝的圣容,我们就会知道,我们一直认识此面孔。我们在尘世所经历的一切纯真之爱,上帝就参与其中,祂每时每刻在我们里面创造它,维系它,推动它。其中的一切真爱,即便是在尘世,也都与其说是我们的,远不如说是祂的;说是我们的,也只是因为是祂的。而在天国,就不会有转离我们尘世所

---

① 这里的陌生人,原文是大写 Stranger,指上帝。

爱之人的痛苦和义务了。这首先是因为,我们已经转过身来,已经从画像转向本人,从溪流转向泉源,从祂使之可爱的受造转向神爱。其次则是因为,我们将发现,他们全都在祂里面。爱祂胜过爱他们时,我们对他们的爱,将深过现在的爱。①

【§45—47. 丧亲之痛与信德】

不过这一切,都远在"三一上帝的国度"(the land of the Trinity),而不在这个放逐地,这个流泪谷。在这里,满是失丧和抛弃。丧亲(就其令我等伤痛而言)的目的,或许就是将此强加给我们。我们于是被迫尝试着去信我们尚不能感受到的东西,即上帝才是我们真正的所爱。在某些方面,非信徒为什么比我们接受丧亲之痛容易一些,原因就在于此。他蛮可以冲着天地咆哮,发怒,挥拳,(若还是个天才)可以写豪斯曼和哈代那样的诗作。② 而我们,在最低落之时,在

---

① 在路易斯的神话寓言小说《裸颜》里,赛姬被献给神,成为神的妻子。她对前来解救她的姐姐奥璐儿这样说道:"你不会以为我现在有了丈夫,就不爱你了吧? 我多么希望你能了解,这只会使我更加爱你——更加爱每个人,每样事物。"(曾珍珍译,华东师范大学出版社,2008年,第128页)

② 豪斯曼(A. E. Houseman, 1859—1936),英国学者、著名诗人,以浪漫主义的悲观诗作闻名于世;哈代(Thomas Hardy, 1840—1928),英国诗人,小说家,《德伯家的苔丝》之作者。

举步维艰之时,却必须开始尝试那仿佛不可能之事。①

"爱上帝容易么?"有位老作家自问自答,"容易。对那些爱上帝的人,容易。"我让仁爱一词,包括两种恩典。而上帝,还能赐给第三种。祂可以在人身上,唤醒对祂的超天性的欣赏之爱(a super-natural Appreciative Love)。这是所有天赋中,最应渴欲的。举凡人类生命及天使生命的核心,就在这里,而不是在我们的天性之爱中,甚至不在伦理道德中。有了这种爱,那一切才有了可能。

由此着手,会写一本好书,而我的书则必须至此结束。我不敢往下写。因为,我是否尝过这种爱,只有上帝知道,而不是我。或许,我只是想象着品尝。像我这样想象力远超顺服之心的人,会受到应有惩罚。相比于自己真正抵达

---

① 路易斯在妻子乔伊去世之后,写日记悼念亡妻。其中不乏对神的追问与思考:"可怕的事是,一位纯然良善的神竟然让这种惨事发生……但想想看,如果你遇见的是一个完全出于好意帮你的外科医生呢?他越宅心仁厚,越有责任感,开刀时就越难留情……如果这些磨难没有必要,要么神不存在,要么神非良善……非此即彼,我们必须选择。"最终,路易斯选择了"叩门"的方式——不是像疯子一般又撞又踢,而是与亡妻乔伊一道达成与神的和解:"临终前,她对牧师,而非对我说:'我已经与神和好。'她微微一笑,但不是对我,'随后,转身归回那永恒的源泉。'"(路易斯《卿卿如晤》,喻书琴译,华东师范大学出版社,2014,第58、94页)

的境界,我们容易想象的境界,太高太高。如果我们描写自己想象到的境界,或可以使他人及自己相信,我们已经真的到了那儿。假如我只一味想象此境界,是否会有更进一步的错觉:想象,在某些时候,使得别的一切渴欲对象——甚至包括平安,无畏无惧——都看起来像是破碎的玩具,凋零的花朵?或许是吧。或许对我们大多数人而言,一切爱的经验可以说都只是确定了我们对上帝的爱是何等的欠缺。它是不够,但它总是个物件吧(It is not enough. It is something.)。倘若我们无法"实践神的同在"①,那它这个物件就让我们实践神的不在,让我们逐渐觉知到自己的无知无觉,直至我们感到,自己就像站在大瀑布旁边却不闻其声,就像一个故事所说的照镜子却发现镜中没有面孔,就像一个梦中人朝眼见的物体抓摸却没有触摸的感觉。知道自己

---

① 原文是:"practise the presence of God."华理克的《标杆人生》第11章中的这段话,可说明典故出处:"学习不断与神交谈的一本经典之作是《实践神的同在》(*Practicing the Presence of God*),这本书的作者劳伦斯弟兄(Brother Lawrence),是十七世纪法国修道院一名不起眼的厨师,他可以把煮饭和洗碗碟等普通琐碎的事情,转化为赞美神、与神相交的行动。他认为,与神建立友谊的关键不是改变你所做的事,乃是改变你做事的态度。从现在开始,把本来为自己做的事,如进食、洗澡、工作、休息、倒垃圾等,转变成为神而做。"(《标杆人生》中英对照版,上海三联书店,2009,第143页)

在做梦,那就不再是沉睡。① 至于世界完全清醒的消息,你必须请教贤哲了。

---

① 路易斯《返璞归真》卷三第4章:"人在变好时越来越清楚地认识到自身残留的恶,在变坏时越来越认识不到自己的恶。一个中等程度坏的人知道自己不太好,一个彻头彻尾坏的人认为自己样样都好,这是常识。人在醒着时知道何为睡眠,睡着时却不知道;在头脑清醒时能发现算术中的错误,在犯错误时却发现不了;在清醒时知道什么是醉酒,在醉酒时却不知道。好人知善又知恶,坏人既不知善也不知恶。"(汪咏梅译,华东师范大学出版社,2007,第100页)

译后记

爱的危机与路易斯的《四种爱》

邓军海

此生邂逅 C. S. 路易斯，与 2013 年的一段精神遭遇有关。那年春天，突然感到：

1. 人恒言，爱美之心人皆有之。假如心中无"爱"，美就隐而不彰。形形色色的现代美学理论，似乎忘记了这条朴实得不能再朴实的道理，却大谈特谈审美态度、分析审美心理。

2. 现代哲学家似乎忘记了"爱"。柏拉图的爱欲论，基督教的"神就是爱"的言说，儒家念兹在兹的"仁"，在现代哲学里都付诸阙如。"爱"，即便没沦为流行音乐或当代影视吸引观众眼球的噱头，也成了畅销书里的一个话头，成了心灵鸡汤。

3. 现代哲学"主义"林立。"恨"的话语,特别发达;"爱"的言说,则苍白贫乏。若有亲友陷于绝望,我们做劝导,除了提供心灵鸡汤,似难有醍醐灌顶或振聋发聩之论。

4. 我们的教育里,爱的教育似乎是缺失的。国朝教育似乎以爱国为最高的爱。然而,这种爱的基底却是"恨",对西方的恨,对某某帝国主义的恨。

从此,讲台上的我,不再自信。因为,我怀疑自己还不懂什么是爱,还不会爱,尽管很是会"恨"。于是,我开始留意并阅读爱的哲学,于是邂逅路易斯,于是也明白,我的这些漫无统纪的想法,在哲学上有个名字,名曰"爱的危机"。在许多哲人眼中,这种爱的危机并非独特的中国病,而是普遍的现代病。

也正是在"爱的危机"中,路易斯的《四种爱》一书,方显其厚重。让我们且从哲人所诊断的"爱的危机"说起。

一 无所不在的冷漠

日常语言往往具有极大的欺骗性。一提到爱,我们往往想到的是"恨"。故而,国朝学人及非学人常喜大谈特谈爱恨之辩证关系:所谓没有爱就没有恨,没有恨就没有爱,二者相互依存;所谓爱有多深恨就会有多深,二者看似相反但却深度一样;所谓爱会转变为恨,恨会转变为爱,二者相互转化。总之一句话,二者是所谓对立统一。

然而,这样的高论忽视了一个弥漫现代社会的事实,那就是无处不在的冷漠。在现代大都市里,生活着跟你我一样的成千上万的人,但是这些人跟你我一样,都是孤独个体,都是原子,不停地做着无规则运动:"你固然认识他们,但你本人却默默无闻,你的微笑无人理睬,你的嗜好无足轻重,你的名字无人知晓……"[1]于是,面无表情,成了现代都市人的标准表情。

这一高论更忘记了一个基本道理:"恨并不是爱的对立面,冷漠才是爱的对立面(Hate is not the opposite of love; apathy is)。"[2]因为恨恶良善,至少表明还在乎良善知道良

---

[1] 〔美〕罗洛·梅:《爱与意志》,冯川译,北京:国际文化出版公司,1987,第171—172页。
[2] 〔美〕罗洛·梅:《爱与意志》,冯川译,国际文化出版公司,1987,第21页。

善;而对良善一无所知又自命良善的老乡愿,口头常挂"何必认真"、"无所谓啦"、"个人又不能改变社会"、"每个人都有每个人的道德"的新犬儒,则无疑是"德之贼"。① 路易斯和西蒙娜·薇依(Simone Weil)都说,信仰的真正敌人,是过于便宜的信仰,是偶像崇拜,而不是彻底的无神论,②其实也是这个道理。因为铁杆的无神论者,至少还关心真理关心神。

今人所谓的具有辩证关系的爱和恨,中国古人称作"好恶":"唯仁者能好人,能恶人。"(《论语·里仁》)

至于跟"冷漠"相对的"爱",中国古人叫做"仁";今人所谓冷漠,古人叫做麻木不仁:

> 医书言手足痿痹为不仁。此言最善名状。仁者以天地万物为一体,莫非己也,认得为己,何所不至?若不有诸己,自不与己相干。如手足不仁,气已不贯,皆

---

① 《论语·阳货》:"乡愿,德之贼。"路易斯小说《梦幻巴士》:"恨恶良善的人有时倒比对良善一无所知却又自命良善的人更接近良善。"(魏启源译,台北:校园书房出版社,1991,第88页)

② 路易斯的这个意见,见《诗篇撷思》第一章;至于西蒙娜·薇依,可参《在期待之中》。

不属己。(《近思录·卷二》)

麻木不仁之肢体,失去知觉,针刺不痛;麻木不仁之心灵,固步自封,只惦记着自己的种种欲望。在麻木不仁之人眼中,太阳每天早晨升起,就像自己每天八点准时上班,他怎么也理解不了"太阳每天都是新的"带来的兴发感动,充其量说说"一日之计在于晨"之类实用的调皮话,或者假如他有点文化,讲讲"世界是变化的"这类哲学概论。至于"仁者以天地万物为一体",假如还有点文化,即便不斥之为唯心主义,充其量只会说这是一种心理状态或心灵境界,万不会想到这是人原本有的样子,应当有的样子。

美国学者罗洛·梅(Rollo May)说:"冷漠是意志与爱的退缩,是一种'无所谓'的表示,是一种参与性的悬搁。"[1]因为"参与性的悬搁"(a suspension of commitment),我们生于斯长于斯死于斯的宇宙,就成了一堆物质,成了自然资源;跟我们共居此世的芸芸众生,则成了一个个欲望主体或利益代表者,充其量只能算作人力资源。

---

[1] 〔美〕罗洛·梅:《爱与意志》,冯川译,国际文化出版公司,1987,第25页。

再说得哲学一点,因为"参与性的悬搁",人生在世(Being-in-the World)仿佛就成了水在杯中或衣物在衣橱,而不是立于天地之间,不是居于世间(we inhabit in the world)。① 这样的生存状态,西蒙娜·薇依(Simone Weil)称之为"拔根而起"(uprootedness),她曾用一个形象的例子,说明了人与天地万物失去切身联系之后果:

> 一位幸福的少妇,头一回怀孕,在缝制婴儿的衣物时,想的只是如何把它缝好。但她一刻也不会忘记她怀着的小宝宝。与此同时,在监狱工厂的某处,一个女囚也在想着如何缝好手上的衣物,因为她害怕受罚。我们可以想见,这两个女人同时干着同样的工作,所操心的也是同样的技术问题。她们两人工作的差异,却不亚于一道深渊。有待解决的全部社会难题,在于使劳动者从一种情景跨入另一种情景。②

---

① 海德格尔曾区分了两种意义上的"在之中"(In-Sein):一个是两个现成物品的关系,一个在另一个"之中",如水在杯"之中";另外一个则是"此在与世界"的关系,是人融身于、依寓于、繁忙于世界意义上的"在之中"。参见张世英:《"天人合一"与"主客二分"》,《哲学研究》1991年第1期。

② 〔法〕西蒙娜·薇依:《扎根:人类责任宣言绪论》,徐卫翔译,三联书店,2003,第76页。

前者劳动,是出于爱;后者劳动,是出于怕。前者有所挂念有所不舍,后者只是一味趋乐避苦。即便说人是劳动的动物,那也是指前者,而不是指后者。在后者身上,劳动,是奴隶欲避之而后快的苦役。

进一步说,在基督教的"托管说"①里,中国古人所说的"参天地之化育"里,人的劳作,就是天命,是人的本分;而当我们将天地万物还原为物质,将人还原为类人猿,将伦理道德还原到原始契约,还原到性本能,或还原到生产力与生产关系,我们再说人是劳动的动物,只不过是说人通过劳动满足欲望谋取口粮而已,我们的处境,其实跟那个女囚差不多。

若真如此,那么,现代社会中无所不在的冷漠,知识人就难辞其咎。

---

① 基督教的"托管说"认为,神造人之后,将万物托付给人管理。《创世记》一章26—28节:"神说:我们要照着我们的形像、按着我们的样式造人,使他们管理海里的鱼、空中的鸟、地上的牲畜,和全地,并地上所爬的一切昆虫。神就照着自己的形像造人,乃是照着他的形像造男造女。神就赐福给他们,又对他们说:要生养众多,遍满地面,治理这地,也要管理海里的鱼、空中的鸟,和地上各样行动的活物。"

二 现代哲学的"爱的遗忘"

说现代哲学遗忘了爱,不是说现代不再有哲学专家探讨爱,而是说,西方古典所说的"爱"或者中国古人念兹在兹"仁",在现代哲学中,充其量只是个讨论对象,是一个论题(subject)。"爱"已经失去了她在古典哲学中的本源地位。哲学家似乎不再信"神就是爱"(《约翰一书》四章 8 节),不再信"上天有好生之德",不再信"诚者,天之道,诚之者,人之道"。

恰如上帝或天道不是谈论对象,谈论上帝的人不信上帝或天道;爱或"仁"也首先也不是哲学概念:

> 圣人之道,入乎耳,存乎心,蕴之为德行,行之为事业。彼以文辞而已者,陋矣。(《近思录·卷二》)

孜孜于给《论语》里的"仁"下个定义,或者勉力将儒家言说演绎成所谓"仁本体论"的哲学体系的专家教授,距离"仁"可能很远很远。"爱"变为一个话题,尤其是当她成为哲学专家的研究专题,其结果藉布鲁姆的话来说就是,她"已经死去,仅是文化而已",[1]甚至连中国古人所贬斥的"为人之学"都算不上。[2] 对爱的哲学思考,对于哲学教授,变得可有可无;对于普通公众,则漠不相关。

爱的这一沦落,与上帝之死这一现代事件有关。

上帝之死,国朝大多数学者都认为是一个地方性(local)事件,标志着基督教的破产,标志着人的解放、现代化乃历史必然、西方不亮东方亮或中国文化之高明。无论标志着什么,他们都认为上帝该死,因为他们都在用解放叙事和进步叙事来讲述启蒙,所谓"走出黑暗的中世纪"、"人的解放"、"人的自觉"之类现代学术套话,就是明证。

就哲学自身而论,上帝之死的直接后果就是,哲学由原本的"爱智慧"蜕变为现代的"有智慧"。

---

[1] 布鲁姆的这句话,原不是为爱的现代境遇而发:"不论是法国的拉辛和莫里哀,还是德国的莱辛和歌德,抑或意大利的但丁和彼得拉克,在普通年轻人的眼里,他们全没了活力。他们已经死去,仅是文化而已。没有哪个正常的年轻人,情愿放弃最时新的摇滚乐队的音乐会,跑去和这些伟大作家当中的哪一个共度时光。"([美]布鲁姆:《莎士比亚笔下的爱与友谊》,马涛红译,华夏出版社,2012,第2页)

[2] 《论语·宪问第十四》:"古之学者为己,今之学者为人。"程子曰:"为己,欲得之于己也。为人,欲见知于人也。"

在柏拉图的《斐德罗篇》里,苏格拉底将"作品是依据真理的知识写成"的哲人,称为"爱智者",而将"所能摆出来的只不过是他天天绞尽脑汁,改了又改,补了又补的文章"的那些人,只能称作"诗人、写演讲稿的,或者写法律条文的"。之所以称哲人为"爱智者",那是因为:

> 称他们为"智慧者"我想未免过分,斐德罗,这个名称只有神才当得起。但是称他们为"爱智者",或类似的名称,倒和他们很相称,而且也比较好听。(《斐德罗篇》278D)①

而在现代,由于上帝之死,哲学家袭取了只有神才当得起的名号。沃格林通过比对黑格尔和柏拉图的哲学观,说明上帝之死给哲学所带来的品质改变:

> 黑格尔所指的哲学乃是一种思想的事业,它向着真知前进,并且最终能够达到真知。哲学于是被包含

---

① 见《柏拉图全集》卷二,王晓朝译,人民出版社,2003,第202页。

在18世纪意义上的进步观中。与这种进步主义者对于哲学的观念相对立,让我们来回忆柏拉图所作的事业,以便弄清它的本质。……当费德罗问,人们应当怎样称呼这样的思想者时,苏格拉底用赫拉克利特(Heraclitus)的话回答说,sophos,知道者,这个词会太过,它只能用于称呼神自己,兴许我们可以恰当地称他为philosophos,爱知者。因此,"真知"留给了神,有限的人只能是"爱知者",他自己不是知道者。从上面这个段落的含义中,爱知者所爱的知只能属于那"知道"的神,因此爱知者,philosophos,就成了theophilos,即爱神者。①

既然上帝已死,哲学自然而然就不再是爱神之真知的事业,而成了历代哲学家伴随着知识进步逐步趋近"真知"的事业;与此相应,哲学家也不再是"仁者"、"爱知者"或"爱神者",而成了智慧的拥有者。奉持进步信念、认为上帝该死的现代哲学家,自认为站在历史的最高峰,会纷纷宣称真

---

① 〔美〕沃格林:《没有约束的现代性》,张新樟、刘景联译,华东师范大学出版社,2007,第41页。

理在我手中,纷纷宣称日后的哲学研究必须从自己开始。

顺便说句题外话。现代的汉语思想家,往往对西人所说的"神"或"上帝"神经过敏,总爱说,我们中国哲人就没有这么笨,早在殷周之际,就完成了所谓的人文转换。仿佛古人所说的"天视自我民视、天听自我民听"、"子不语怪力乱神",就是所谓"人的自觉"的确凿证据似的。这些思想家忘记了,当他们津津乐道汉语思想的人文自觉时,其实就是在向现代思想套近乎,是在说汉语思想其实挺现代;当他们以此证明汉语思想之优越,却没有意识到,自己所操持的恰好是在现代蔚为大潮的民族主义意识形态。事实上,假如神死了,古代的汉语思想的命运也好不到哪里去。

沃格林说:"哲学发端于对存在之爱,它是人怀着热爱之情去努力发现存在之秩序,并让自己与存在之秩序相协调。"①假如我们能够摆脱民族主义意识形态话语,以一个立于天地之间的"人"的眼光审视这句话,似乎不难发现,这个定义与古人所说的"下学而上达",说的其实是一桩事。

---

① 〔美〕沃格林:《没有约束的现代性》,张新樟、刘景联译,华东师范大学出版社,2007,第42页。

简单说，无论古代哲人的观念何其殊异，他们都相信，人为万物之灵，绝不是因为人是高等动物，处在生物进化链条的最高端，而是因为人"为五行之秀，实天地之心"（《文心雕龙·原道》），人在宇宙之间应有独特担当和义务；人之所以从事哲学探讨，那是因为天地之间有个"道"或"理"在，人的使命和义务就是领会、体认这个"道"或"理"。[①] 治中国古典的现代汉语思想家忘记了，当他为上帝之死而幸灾乐祸时，其实就是在中国古人仰望的天（heaven），变成了现代物理学里的天空（sky）；将中国古人指点给我们的"天道"，削减成了一个哲学观念或一种意识形态；将中国古人念兹在兹的"仁"，现代化为"普遍人格之实现"，弄成心灵鸡汤。[②] 其结果就是，"下学而上达"没有了去处。由于没了

---

① 张文江先生在《古典学术讲要》曾说过一段不乏心酸的调皮话：
在现代汉语中，"知道"是明白眼前事物。在古代汉语中，"知道"是明白眼前事物和整体的关系，明白眼前事物背后的道理。单单探讨道理也许会脱空，跟你眼前事物有关系，那才是"知道"。……中国古代以唐为界限，唐以前主要思想往往讲的是道，宋以后主要思想往往讲的是理。清末以后引进西方的思想，道也不讲理也不讲，如果允许开个玩笑，那就是"不讲道理"了。（上海古籍出版社，2010，第 5 页）

② 关于道与意识形态之别，参拙译路易斯《人之废》的译序《道与意识形态》；以"普遍人格之实现"这类颇为现代的术语来解释"仁"字，出自梁启超《为学与做人》一文。

去处,"得意忘言"、"舍筏登岸"、"见月忘指"等指点提醒,就顿时失去意义,听上去像是古代哲人所说的聪明的调皮话。

濂溪先生曰:"人希士,士希贤,贤希圣,圣希天。"朱子注曰:"希,望也。"(《近思录·卷二》)古人所提示的这条问学阶梯,跟古希腊哲人的"爱知"进而"爱神",何其气脉相通。而奢谈中国古代所谓"内在超越"的现代汉语思想家,充其量只懂得"士希贤,贤希圣",而不懂得"圣希天"。因为在他们的言说里,"圣希天"即便没有沦为看云识天气,也跟仰观天象差不多了。

啰里啰嗦说这么多题外话,只是为了说明,哲学之为哲学,原本不是为了提出几个哲学观念,建构一套理论体系或发明一个意识形态;哲学发端于"对存在之爱",发端于"爱知"进而"爱神"。将哲学观念化、体系化并进而意识形态化,则是一个现代事件,是上帝死后,哲学由"爱知慧"沦为"有智慧"的产物。

哲学一旦由"爱智慧"变成"有智慧","爱"就不再是哲学的原动力,充其量,只能算作哲学话题。至于古人所说的"神就是爱","仁者,天下之正理,失正理则无序而不和"(《近思录》卷一),充其量成了一个哲学史命题,不再是笃信之道。

帕斯卡尔尝言，真理并不存在于心中无爱的人身上："目前的时代，真理是那样晦暗不明，谎言又是那样根深蒂固，以致除非我们热爱真理，我们便不会认识真理。"①而据艾伦·布鲁姆的诊断，现代哲学家所缺乏的，恰好就是作为哲学原动力的爱。② 准此，"有智慧"的现代哲学，到底是不是智慧，还真是个问题。

三　主义林立与恨的发达

即便是一个哲学话题，"爱"的命运，也没有好到哪里去。因为，"那谋杀上帝的人自己会成为上帝"③。哲学成

---

① 〔法〕帕斯卡尔：《思想录》，何兆武译，北京：商务印书馆，1985，第435页。

② 布鲁姆说："卢梭以之为起始的现代哲学家的学说显然缺乏欲爱。他们的算计的、被恐惧支配的人是一些个体，他们不会倾向他人、追求婚配和其中隐含的忘我精神。这些人心灵平庸。他们以自然呈现的那样看待自然；而且因为他们是无欲爱的，也因而是无诗意的。卢梭，一个像柏拉图一样的哲学家诗人，试图在这个世界上复归诗。"见《巨人与侏儒：布鲁姆文集》（增订版），张辉选编，华夏出版社，2007，第281页。

③ 〔美〕沃格林：《没有约束的现代性》，张新樟、刘景联译，华东师范大学出版社，2007，第55页。

了"有智慧"之后,哲学家纷纷变成"主义者"。哲学,由此步入主义林立的时代。

秉承进步叙事和解放叙事的现代史学,往往会将这种主义林立局面,称作"思想解放"。然而,解放的结果,似乎没有天真的进步论者所设想的那样简单。

切斯特顿笔下,有一则关于启蒙的寓言故事,跟进步史学家的故事版本,不一样。故事很是形象,也不长:

> 假定在街上人们因为一件事而发生骚乱,比方说很多有影响力的人都希望拆毁街上的一个灯柱。他们去征求一位身着灰衣的修士的意见。这位修士是中世纪精神的化身,他开始用经院哲学家那种毫无生气的语调说:"我亲爱的弟兄,让我们首先来思考一下光的价值。如果光本身是好的——"说到这里,他便被击倒在地。而这可以算作情有可原吧。所有人都冲向那个灯柱,十分钟内灯柱便倒下了,于是大家四处奔走相告,庆贺这种中世纪所没有的实践性。可是随着事情的发展,一切并非一帆风顺。有些人拆毁那个灯柱是因为想要电灯;有些人是因为想要废铁;有些人是因为

作恶,希望黑暗;有些人认为那个灯柱没有尽职,另一些人认为那个灯柱尽职得过头;有些人行动是因为想要破坏市政设施,另一些人只想砸烂点什么。于是夜间就发生了战斗,谁也不知道他打的是谁。渐渐地,不可避免地,今天、明天或后天,大家认识到那位修士最终还是对的,一切都取决于光的基本原理是什么。只是我们原本可以在汽灯下讨论的事情,现在只得在黑暗中讨论了。①

异曲同工的故事,也见诸陀思妥耶夫斯基的《罪与罚》的结尾。主人公拉斯科尔尼科夫做了一个梦,梦见全世界遭受到了一场可怕的、前所未见的瘟疫。所有的人都难逃死亡厄运,只有少数几个人物才能幸免。病原体是"一种侵入人体的新的微生物",名叫旋毛虫,是"天生有智慧和意志的精灵"。染上这种瘟疫的人,会疯疯癫癫,自恃聪明,以己见为天理:"把自己的判断、自己的科学结论、自己的道德信念和信仰看作不可动摇的真理。"成批的村庄、城市都被感染,于是:

---

① 〔英〕切斯特顿:《异教徒》,汪咏梅译,三联书店,2011,第8—9页。

大家都惶恐不安,互不了解。每个人都以为只有自己掌握了真理,看着别人而感到难受,捶打自己的胸膛,哭泣、痛心。他们不知道如何判断,对于什么是恶,什么是善的问题,意见不一。他们不知道,谁有罪,谁无辜。人们怀着一种无法理解的仇恨,相互残杀。他们调集了大批军队互相火并,可是军队还在行军途中,突然自相残杀起来,队伍乱了,战士们都互相殴斗,刺啊,砍啊,咬啊,吃啊。在所有城市里都成天警钟大鸣:召集所有的人,但是谁召集他们,召集他们来干什么,却无人知道,人心惶惶。日常的活计都停顿了,因为每个人都提出自己的意见,提出自己的改良计划,他们的意见都不一致;农业荒废了。人们在某处聚成一堆,大家同意干一件什么事,一致发誓:生死与共,绝不分离,——可是他们立刻干起完全违反刚才所建议的事来,彼此开始归罪于对方,互相殴斗和厮杀。①

---

① 〔俄〕陀思妥耶夫斯基:《罪与罚》,岳麟译,上海译文出版社,1979,第634—635页。

这两则故事,讲述的都是上帝死后,现代思想里的主义打斗。之所以会陷于打斗,只是因为:"那谋杀上帝的人自己会成为上帝。"每一个主义的祖师爷,都想开创一个新时代,都想让人"听我的"。

"爱",恰恰因哲学家变成"主义者"、世界进入主义时代而死亡:

> 爱的确死亡了。新的组织、新的思想层出不穷。世界成了主义的时代。在这些主义的言论中,憎恶、斗争成了常用语;在这些主义的代表著作中,憎恶、斗争、运动成了道德原则。从1926年希特勒的《我的奋斗》发表,直至今日的报刊、杂志、斗争、整肃、战争、断交、镇压等一类词屡见不鲜。似乎,人们之间的相互忍让、宽容成了一种恶行。①

因为在主义纷争的时代,"恨",永远是主流话语。

---

① 〔日〕今道友信:《关于爱和美的哲学思考》,王永丽、周浙平译,三联书店,1997,第65页。

四 哲学探讨的缺席

说现代思想里"爱的遗忘"、"爱的死亡",只是就现代主流思想之基质而言,并不排除探讨"爱"的哲学家的存在。

然而,这些哲学家却地位尴尬。

英国学者西蒙·梅(Simon May)在《爱的历史》一书序言中说,如果我们将"反思爱之本质,能否帮助我们更好地去爱"这个问题,抛给柏拉图、亚里士多德、奥古斯丁、托马斯·阿奎纳,甚至抛给17世纪的斯宾诺莎、19世纪的叔本华等,他们一定会惊诧。因为:"对此,所有这些思想家不仅都给出了详细的解释,而且这些问题正是他们哲学思想的核心,为今天的许多独立学科,如美学、伦理学和形而上学等奠定了基础。"①相比之下,现代哲学对于研究"爱",却总是疑虑重重:

> 多数人认为,对爱进行哲学探讨要么徒劳无益(因为爱是无法定义的),要么事与愿违(定义爱本身就是

---

① 〔英〕西蒙·梅:《爱的历史》,孙海玉译,中国人民大学出版社,2013,第ii页。

对爱的亵渎)。①

其结果就是,爱的哲学(philosophy of Love)饱受质疑,爱的心理学(psychology of love)却备受推赞。鄙薄爱的哲学的学者,往往热衷于从进化心理(evolutionary psychology)解释爱,根据交配策略(mating strategies)和物竞天择(evolutionary fitness)来解释我们缘何以及如何相爱,仿佛人间的所有爱的现象,都可以还原为生物学事实。在此大背景下:

> 学术著作、访谈节目、流行歌词、婚恋网站、自助手册等等,都大谈特谈成功之爱的条件,谈合适配对(right partner),谈忠贞与醋意的挑战,谈情同手足等亲密关系的风险。②

于是就有了这样一副充满悖谬的文化景观:"对爱的讨

---

① 〔英〕西蒙·梅:《爱的历史》,孙海玉译,中国人民大学出版社,2013,第 i 页。
② Simon May, *Love: a History*, London: New Haven/Yale University Press, 2011, p. xi.

论似乎无处不在,但在有些问题上,它又是个我们难以涉足的禁区。"①

值得注意的是,现代思想对于研究"恨",非但并无西蒙·梅所说的这类疑虑,而且还冠以"科学"之名,名正言顺。

美籍俄裔社会学家皮蒂里姆·A. 索罗金(Pitirim A. Sorokin),在《爱之道与爱之力》一书前言中说:

> 在我们的感性文化(Sensate Culture)氛围中,我们倾向于相信生存竞争、自私自利、利己型竞争、仇恨、斗争本能、性驱动、死亡与破坏本能、经济因素全能说、高压政治及其他消极力量。同时又高度怀疑创造之爱的力量、公正服务、无私奉献、互助、纯粹义务的召唤及其他积极力量。②

---

① 〔英〕西蒙·梅:《爱的历史》,孙海玉译,中国人民大学出版社,2013,第 ii 页。

② 〔美〕皮蒂里姆·A. 索罗金:《爱之道与爱之力》,陈雪飞译,上海三联书店,2011,第 66 页。

换言之,现代文化的底色,是"斗争",而不是"爱"。之所以会如此,现代以来的流行理论是罪魁祸首。它们一致强调,上述消极力量正是"历史事件和个人生命轨迹的主要决定因素":

> 马克思主义及其唯物史观、弗洛伊德主义及其破坏性的性欲决定人类行为说,文化和人格的本能主义,行为主义和生理身体学说(Physiosomatic),达尔文主义及其生存竞争主导生物、心理和伦理演化的生物理论,乃至"对抗与竞争让美国伟大"的商人箴言,这些及其他类似流行理论主宰着当代社会学、经济学、心理学、病理学、人类学、历史哲学、政治学及其他人文社会学科。这些意识形态极大地迎合了感性文化心态,感性的人们热诚地信奉这些思想,称之为"现代科学定论"。①

既然这些以"斗争"或"恨"等消极力量为核心的流行理

---

① 〔美〕皮蒂里姆·A.索罗金:《爱之道与爱之力》,陈雪飞译,上海三联书店,2011,第66页。

论,是"现代科学定论",那么,"爱"就会因"不科学"而遭遗弃:

> 感性心智坚决否认爱、牺牲、友谊、合作、使命召唤、无私求真、求善、求美的力量。我们认为这些都是表象(epiphenomenal)和幻觉。我们经常称之为"理性化"、"自我欺骗"、"诱导"、"美化意识形态"、"精神鸦片"、"障眼法"、"唯心的胡话"、"不科学的狂想"等。①

美国哲学史家欧文·辛格(Irving Singer)曾慨叹:"对爱的分析几乎比哲学中任何其他主题都更多地被人忽视。"②尽管在浪漫主义两百来年的浸淫之下,流行文化似乎很关心"爱",关于爱的流行歌曲、影视剧目、心理辅导以及心灵鸡汤,一直生意兴隆。但对于哲学家来说,"'爱'这

---

① 〔美〕皮蒂里姆·A.索罗金:《爱之道与爱之力》,陈雪飞译,上海:上海三联书店,2011,第67页。
② 〔美〕欧文·辛格:《超越的爱》,沈彬 等译,中国社会科学出版社,1992,第1页。

个珍贵的词却一直还是一块灼热的碳,甚至使我们最伟大的哲学家也难以启齿"①。

既然现代哲学对"爱"难以启齿,"爱"的问题就甩给了心理学,甩给了流行文化,甩给了诗人和神学家。

五 心理学杀死了爱

现代心理学的里程碑,是行为主义。依行为主义,前人所说的心灵(mind),只不过是形而上学的思辨的产物。心理学要摆脱形而上学,成为完全客观的科学,就要抛弃前辈的"内省"方法,不再去描述解释不可见的意识状态;而要用"实验"方法,来观察研究人的外显行为。至于人的行为,在客观心理学的视野中,完全可以还原为刺激反应和条件反射;心理现象,说到底,其实就是生理现象。②

客观心理学既然假"科学"之名,放逐了内省心理学所

---

① 〔美〕欧文·辛格:《超越的爱》,沈彬 等译,中国社会科学出版社,1992,第2页。
② 详参〔美〕B. R. 赫根汉《心理学史导论》,郭本禹 等译,华东师范大学出版社,2004,第12章。

说的"心灵",就更不用提古人所说的"灵魂"(soul)了。后世心理学家虽然会不同意行为主义的极端观点,但对"心灵"和"灵魂",却一样地避之唯恐不及。否则,心理学会有失科学身份。

哲学家将"爱"的问题甩给现代心理科学,以情爱(Eros,亦译"爱欲")为例,其结果就是,爱就被还原为"性偏好"和男女关系。

布鲁姆对自己的学生中间,发现一个惊人的事实:

> 在曾被称为爱的事情上,他们通常不说"我爱你",绝对不说"我永远爱你"。一个学生对我说,他当然对女友说过"我爱你",那是"在我们分手的时候"。这种分手干净利落——互不相伤,都无过错,他们精于此道。他们把这理解成道德,理解成对他人自由的尊重。[①]

他得出的结论是:"青年男女拥有的是'关系',而不是

---

① 〔美〕艾伦·布卢姆:《美国精神的封闭》,战旭英译,译林出版社,2007,第75页。

爱。"①情爱或爱欲,蜕变为关系,与现代心理学有关:"心理学家杀死了爱。它的位置已被性和意味深长的关系取代。这只用了大约75年的时间。"②

当情爱沦为两性关系,青年男女中间的主流氛围就呈现为两个极端:"中规中矩的契约关系,抑或放浪形骸的淫乱。"③前者的基础是自由主义伦理,后者的基础则是享乐主义伦理。

同样的观察,也出现在法国哲学家阿兰·巴迪欧(Alain Badiou)笔下:

> 我们面临爱情的两大敌人:保险合同的安全,有限享乐的舒适。④

自由主义者和享乐主义者都同意这样的观念,即

---

① 〔美〕艾伦·布卢姆:《美国精神的封闭》,战旭英译,译林出版社,2007,第78页。

② 〔美〕艾伦·布卢姆:《美国精神的封闭》,战旭英译,译林出版社,2007,第185页。

③ 〔美〕布鲁姆:《莎士比亚笔下的爱与友谊》,马涛红译,华夏出版社,2012,第3页。

④ 〔法〕阿兰·巴迪欧:《爱的多重奏》,邓刚译,华东师范大学出版社,2012,第41页。

爱情是一种没有用处的冒险。于是，人们就可以一方面，在消费的温情脉脉之中准备某种配偶关系；另一方面，在节省和避免激情的同时，合理地安排充满愉悦和享受的性关系。①

阿兰·巴迪欧提到，曾有一段时间，巴黎的街头巷尾贴满了交友婚恋网站"蜜糖网"的广告词："无需风险，您将拥有爱情"；"无需坠入爱河，亦可相爱"；"无需心痛，完美相爱"。这类广告，在中国也不陌生。各种各样的婚恋网站，在鼓动青年男女或怕衰老的男女，去经历一场"对各种风险都下了保险的爱情(a safety-first concept of love)"。②

以色列作家阿摩司·奥兹(Amos Oz)对此感到迷惑不解：

> 我的很多学生，男男女女，他们轻而易举地就能发

---

① 〔法〕阿兰·巴迪欧：《爱的多重奏》，邓刚译，华东师范大学出版社，2012，第42页。
② 〔法〕阿兰·巴迪欧：《爱的多重奏》，邓刚译，华东师范大学出版社，2012，第38—39页。

展出性关系,却从不开口说爱。可能对他们来说,说"我爱你"是太严肃了。但上床,对他们来说,那只是一种运动方式。①

请注意,在奥兹的阅读记忆里,那些性观念非常严格的时代,却是对表达爱意非常宽容的时代。照此说来,20世纪曾经轰轰烈烈如今已经革命成功的性解放运动,原来,完成的是一种新的压迫,"性关系"对"爱"的压迫:"百年以来轰轰烈烈的性解放,带来的并非爱的重生(reinvention),而是爱的僵死(ossification)。'自由相爱'(free love)并未使爱自由(freed love)。"②

而日本哲学家今道友信则指出,这种爱情观,恰好是现代技术统治所需要的:"在技术关联社会中,没有爱,一切都可以正常运转。为了提高效率,人们必须忘记爱。"③是啊,

---

① 柏琳:《人究竟要爱还是要性:与奥兹先生喝咖啡》,见《新京报书评周刊》2016年6月27日,第16版。
② Simon May, *Love: a History*, London: New Haven/Yale University Press, 2011, p. xii.
③ 〔日〕今道友信:《关于爱和美的哲学思考》,王永丽、周浙平译,三联书店,1997,第63页。

与爱情所必然伴随的情感纠葛和义务责任相比,性关系何等方便何等轻省。

假如今道友信言之有理,那么,性解放运动背后还有更深一层的压迫,即让人沦为现代技术统治的奴隶。注意,这是以解放为名完成的奴役。

六 爱又被奉为神

现代思想彻底杀死神,靠的是向公众反复灌输:不是神造了人,而是人造了神。

于是在现代"政治正确"的思想中,曾经的造物主(Creator),变成了受造物(creature)。于是,"立天之道曰阴与阳,立地之道曰柔与刚,立人之道曰仁与义"(《易·说卦传》),即便不是一种意识形态,充其量也只是一种古代思想,是一种所谓的朴素辩证法。

这个思想事件的必然结果就是,杀死上帝的凶手,会封神或自封为神,会制造一系列的神的替身,作为崇拜对象。于是就有了这样一幕现代大戏:

自17和18世纪起西方世界开始丧失对上帝的信仰之后,上帝的各种替身作为被崇拜的对象依次登台,领受人们的膜拜。它们曾经都被视为预示着人类得到解脱和救赎,赋予它们所架构的任何事物以价值和意义。理性、进步、民族、国家、共产主义和一批批其他各式的偶像与"主义",以及像民族主义和艺术这样一两个特例,都曾经或正在被奉上救赎的信仰神坛,填补上帝缓慢"死去"之后留下的空虚。[1]

在这场你方唱罢他登场的造神运动中,有一个人造神祇,经久不衰。这个神祇,就是"爱",人爱(human love)取代了神爱(divine love):

> 1888年,尼采发出呐喊:"几乎两千年了,没有一个新的上帝!"
>
> 然而,尼采错了。新上帝已然在他眼皮底下悄然降临。这新的上帝正是爱——人类之爱。

---

[1] 〔英〕西蒙·梅:《爱的历史》,孙海玉译,中国人民大学出版社,2013,第3页。

一度只有神圣之爱才能肩负的职责,现在正由人类之爱承担:成为意义和快乐的终极源泉,成为战胜苦难和失望的力量。这种力量绝非罕有的例外,我们每一个对爱怀有信仰的人都可能拥有;它不是由上帝这个造物主注入我们内心的结果,要获得它,无须经过漫长和严格的训练。在某种程度上,这是一种几乎我们每个人都与生俱来的、无意识的本能力量。①

人爱(human love)这个新的神祇,自浪漫主义运动以来,虽然屡遭拆穿,但仍不乏信徒。流行文化里关于爱的陈词滥调,所调用的一直就是这一宗教情怀。于是乎,古老教义"神就是爱"(God is love),被悄悄倒转过来,成了"爱就是神"(love is God)。人,企图藉人爱,自我神化。

这个被奉上神坛的属人之爱,当然首先是情爱(Eros),其次是亲人之间的亲爱(affection),偶尔也会有友爱(friendship)。

路易斯的《四种爱》,假如说有其主题的话,其主题之一

---

① 〔英〕西蒙·梅:《爱的历史》,孙海玉译,中国人民大学出版社,2013,第1页。

就是:"爱一旦膨胀为神,就沦为魔。"关于属人之爱,如何因膨胀为神而沦为魔,书中论述颇详,兹不赘。

这里再说一句不是题外话的题外话。

大多数汉语学者,都将冰心青年时代的母爱讴歌和晚年对毛主席的爱,视为一种矛盾现象,甚至为冰心晚年感到遗憾。冰心本人,则恨其少作,将自己在五四时期的母爱讴歌,视为歧路。不过,在青年学者齐宏伟看来:"纵观冰心一生的创作,'爱的哲学'倒是一以贯之。"①因为在冰心的"爱的哲学"里,只有瑞典神学家虞格仁(Amders Nygre)所说 *Eros*,而没有 *Agape*。前者是"自下而上的爱",是以自我为出发点的爱;后者则是"自上而下的爱",是以神为出发点的爱。②

心中只有"自下而上的爱",就容易将任何一种人间之爱,奉上神坛。即便所奉神祇不同,其内在理路则是一个。

---

① 齐宏伟:《超越之爱与超验之爱:从冰心的"反省"谈起》,文见 http://www. oc. org/gb_txt/oc0067/transcendentlove&agapelove-qihungwei. htm [2016—4—20]。

② 瑞典神学家虞格仁(Amders Nygren,1890—1956)在《历代基督教爱观的研究》一书中,非常简洁地区分了两种爱:*Agape* 和 *Eros*。前者是自上而下的爱,是以神为出发点的爱;后者是一种自下而上的爱,是以自我为出发点的爱。

常听人说,冰心晚年不真诚,冰心本人却并不这么看,她倒以为自己早年不真诚。

七 路易斯的《四种爱》

拉拉杂杂大谈"爱的危机",乃因为在这个流行成功学和幸福学书籍的时代,人容易将《四种爱》这本书看成心灵鸡汤。而且,的确有人这么看。有出版社摘译《四种爱》之第二三四章,跟路易斯的《卿卿如晤》一书编在一起,取名曰《若心中有爱,一日长于百年》,似乎就能证明这一点。

也许,联系前文所言的"爱的危机"来阅读《四种爱》,就能显出此书之分量。这里当然无意概述《四种爱》,因为一本书之厚重与否,本是"如人饮水冷暖自知"之事,他人说得再中肯,都至少是隔着一层。我们且就现代读者,尤其是现代汉语读者容易放过或感觉隔膜之处,略谈几点:

1. 严分"神就是爱"与"爱就是神"

跟大多数论爱的现代著作不同,路易斯并没有先给爱下一个定义,接着提出自己的一套爱的哲学,而是重述传统。亲爱、情爱、友爱和仁爱这四种爱,是古希腊就有的古老四分法;严分"上帝是爱"与"爱就是神",则是严人神之隔,重述基督教传统里的"幽暗意识"。

所谓幽暗意识,就是深深体认到,人是一种可上可下的居间的存在:人上升的区间有限,永远不能达到神的高度;至于人之堕落,无极限。① 梦想着建立人间天堂,往往以人间地狱而告终;人作为受造,僭居造物主的席位,即沦为最大的魔鬼。二十世纪的教训似乎足够惨痛,足以说明这个道理。

2. 既不做"膜拜者",也不做"拆穿家"

关于爱,现代知识人容易做两种恶:一为"膜拜"(idolate),将"神就是爱"偷换为"爱就是神";一为"拆穿"(debunk),所谓"爱,不过是暴力的遮羞布而已"。②

这两种恶,是一母同胞。

由于否弃了"神就是爱",故而,就有了"爱就是神"。由

---

① 详参张灏先生的名文《幽暗意识与民主传统》,文见张灏先生的同名论文集(四川教育出版社,2013)。
② 转引自〔美〕罗洛·梅:《爱与意志》,冯川译,国际文化出版公司,1987,第3页。

于爱一旦膨胀为神,即沦为魔。于是,就有了形形色色的"拆穿家",说爱只不过是性欲之包装,只不过是给剥削和压迫所蒙上的温情脉脉的面纱。

路易斯敬告我们,假如让属人之爱,回到自己本来的位置,则既不会做膜拜者,也不会做拆穿家。我们不会去拆穿,是因为人爱有着神性根基,体现着人与神的"肖似之接近";我们也不会去膜拜,是因为"肖似之接近"并不等于"趋向之接近",因为在人爱的上面还有神爱,人爱需要神爱之滋养与接引。

路易斯的母亲在弥留之际,对照顾她的护士说:"你结婚呢,要找一个爱你、也爱神的人。"[①]单单爱你,爱的烛火,很快就会熄灭。每过几年,就要重新坠入一次爱河的人,所见多有。

3. 为需求之爱正名

在爱的哲学探讨里,一个颇为习见的套路就是:贬需求之爱,认为她不纯粹;褒赠予之爱,认为她才是真正的爱。比如弗罗姆的名著《爱的艺术》,其中贯穿始终的一个观点

---

① 彬贺姆:《鲁益师的奇幻王国与真实世界》,吴丽恒译,香港:基督教文艺出版社,2005,第58页。

就是:"爱首先是给(giving)而不是得(receiving)。"①

这不只是哲学家的观点,而且也是普通百姓的生活事实。在我们的日常用语中,"奉献"、"付出"、"牺牲"之类语词,俨然成为"爱"的代名词,便是明证。

《四种爱》的一大理论贡献就是,一改此习惯路数,让我们正视需求之爱和赠予之爱。

正视需求之爱,就意味着,必须郑重承认:"需求之爱也是爱。"即便一般人一听到"爱"字,都心里想的是"被爱"(beloved),而不是"去爱"(to love)②,也需正视需求之爱。这是因为,谁会因为婴儿需要母爱,而鄙视婴儿呢?谁又会因为人对上帝的需求之爱,而嘲笑人的谦卑呢?换句话说,即便需求之爱有自私或贪婪之虞,感受不到需求之爱,并不一定意味着无私,反而有可能意味着冷酷或狂傲:

但凡感受到需求之爱,或许总有理由否认它或彻

---

① 〔美〕弗罗姆:《爱的艺术》,李健鸣译,商务印书馆,1987,第17页。
② 弗罗姆《爱的艺术》一书打头就说,在绝大多数人心目中,"爱的问题"(the problem of love),"首先是自己能否被人爱(being loved),而不是自己有没有能力爱(of loving, of one's capacity to love)"。

底克制它;而感受不到需求之爱,一般而论,正是冷酷的自我主义者(cold egoist)之标志。因为,我们确实彼此需要("那人独居不好")。因而,这种需要未能在意识中呈现为需求之爱,换言之,我们独处"是"好的那种虚幻感觉,就是一种不好的属灵症候;恰如没胃口是生病症状,因为人确实需要食物。(本书第1章第6段)

而人只要正视自己,正视自己之有限,正视自己之穷乏,就不会唱高调,对需求之爱一味否弃了。

至于正视赠予之爱,则意味着,需时时意识到越是无私越是高尚的"天性之爱",就越有可能僭居为神,以神的口吻发话;越有可能"以爱之名",行种种专横之实。

八 重译说明及誌谢

《四种爱》一书,大概已有四个半中译本。

1.〔英〕鲁易斯:《四种爱:亲爱、友爱、情爱、大爱》,梁永安译,台北:立绪文化出版公司,1998年初版,2012年再版;

2.〔英〕路易斯:《四种爱》,汪咏梅译,上海:华东师范大学出版社,2007初版,2013年修订再版;

3.〔英〕刘易斯:《四种爱》,王鹏译,北京:外语教学与研究出版社,2010初版;

4.〔英〕刘易斯:《四种爱》,曹晓玲译,成都:四川文艺出版社,2013初版。

至于那半个译本,即是前文说过的将《四种爱》之第二三四章,跟路易斯的《卿卿如晤》编在一起,取名曰《若心中有爱,一日长于百年》的那本(江月译,天津人民出版社,2015)。

四译本之中,就译笔而论,梁永安译本最好,地地道道的中文,只可惜是节译。就全译本而论,汪咏梅译本最好,无论从原意把握还是遣词用笔,都超过王鹏译本和曹晓玲译本。

兹以汪译本为例,略说重译理由如下:

1. 详细作注。路易斯的书,大量用典。套用近年流行的一个文学理论术语来说,翻译路易斯,需对"互文性"(inter-textuality,即文本之中复有文本)深加留意,需做些钩沉工夫,方可互文见义。无此钩沉,恰如面对汉语成语,却不知典故，轻则不见其中韵味，重则会有误读之嫌。汪译本只注出了书中所用的圣经典故，对其余典故，则视同无有。重译本，想做这一方面的补正工夫。

2. 重订译名。路易斯论爱，沿用古希腊哲人对爱的四分法，谓之"述而不作"或"与古为新"或"以古视今"，都不为过。鉴于此，确定"四种爱"之译名，应参照汉语学界古希腊哲学研究成果，尽量与之统一译名。即便不能统一，译名也需暗示出《四种爱》一书与古典学的"互文性"。汪译本对此留意不足。尤其是将第三章专论的 affection 译为"情爱"，将第四章专论的 Eros 译为"爱情"，颇有率意之嫌。而且就汉语习惯而论，"情爱"与"爱情"本就没有区别，或者区别不大，而在古希腊思想传统里，那可是大相径庭的两种爱。

3. 统一译笔。大陆译界，翻译路易斯的译者，大都翻译一两本，就算了事。译者曾与倪卫国先生约定，用三五年工夫，译十余本路易斯，统一译笔，以减轻汉语读者无谓的阅读负担。重译《四种爱》，可算是这一努力。

两年前将重译计划报给六点分社社长倪卫国先生时，心存忐忑，因为汪译本已经很是不错。倪先生说，但凡经典，译本不嫌其多。愈多，愈显经典。况且，论"爱"之书，在当前的文化语境中,读者最易看作幸福秘籍或心灵鸡汤。重译本《四种爱》以经典奉之,庶几可防读者轻薄视之。说句不嫌煽情的话,这话说到我心坎里了。

士为知己者死,女为悦己者容。耳闻此等激励言语,译者除了老老实实干活,再说什么都仿佛显得多余。

译本署名虽然只我一个,但却是集体劳作的产物。初稿完成之后,拙荆郑雅莉对着原文,逐字逐句校订两遍。三校过后,又专门约请者也读书会的郭春燕、岳翔和黄灵芝三位书友,逐字逐句校订译稿,并商定译名,贡献脚注。六点分社的倪卫国先生、何花女士,还有特约编辑伍绍东,都逐字校订拙译,提出许多令我眼前一亮的批评意见。若译本质量堪忧,罪责在我;若尚有可圈可点之处,则功劳在诸位亲友。

2018 年 7 月 4 日星期一

于津西小镇楼外楼

图书在版编目(CIP)数据

《四种爱》(注疏本)/(英)C. S. 路易斯著;邓军海译注.
—上海:华东师范大学出版社,2018
ISBN 978-7-5675-8099-2

Ⅰ.①四… Ⅱ.①C…②邓… Ⅲ.①情感—研究
Ⅳ.①B842.6

中国版本图书馆CIP数据核字(2018)第172343号

华东师范大学出版社六点分社
企划人 倪为国

本书著作权、版式和装帧设计受世界版权公约和中华人民共和国著作权法保护

路易斯著作系列

四种爱(注疏本)

著　者　(英)C. S. 路易斯
译注者　邓军海
责任编辑　倪为国
封面设计　姚　荣

出版发行　华东师范大学出版社
社　　址　上海市中山北路3663号　邮编　200062
网　　址　www.ecnupress.com.cn
电　　话　021-60821666　行政传真　021-62572105
客服电话　021-62865537
门市(邮购)电话　021-62869887
地　　址　上海市中山北路3663号华东师范大学校内先锋路口
网　　店　http://hdsdcbs.tmall.com

印 刷 者　上海景条印刷有限公司
开　　本　787×1092　1/32
插　　页　4
印　　张　9.75
字　　数　120千字
版　　次　2018年10月第1版
印　　次　2025年3月第7次
书　　号　ISBN 978-7-5675-8099-2/B·1143
定　　价　58.00元

出 版 人　王　焰

(如发现本版图书有印订质量问题,请寄回本社客服中心调换或电话021-62865537联系)